模具材料及表面处理

主　编　聂华伟
副主编　沈明明

重庆大学出版社

内容提要

本书由模具材料基础、模具表面处理技术基础及应用、热作模具及热处理、塑料模具及热处理、冷作模具及热处理五大项目组成。本书比较详细地介绍了生产工艺、热处理工艺和表面处理对模具质量和使用寿命的影响,列出了常用模具材料的生产工艺和性能数据,为模具材料的选用提供了依据,并对典型模具的失效原因进行了分析。本书还介绍了热喷涂、电镀、化学镀、高能束技术等应用于模具的表面处理方法。

本书内容丰富,实用性强,突出新材料、新技术,反映了近年来国内外模具材料的研究成果和发展方向。

本书可作为高等职业教育机械类专业教材,也可作为职业培训和业内人员的参考用书。

图书在版编目(CIP)数据

模具材料及表面处理／聂华伟主编. -- 重庆：重
庆大学出版社，2021.1
  ISBN 978-7-5689-2426-9

  Ⅰ.①模… Ⅱ.①聂… Ⅲ.①模具—工程材料②模具
—金属表面处理 Ⅳ.①TG76

中国版本图书馆 CIP 数据核字(2020)第 163299 号

模具材料及表面处理

主　编　聂华伟
副主编　沈明明
策划编辑:周　立
责任编辑:李定群　邓桂华　　版式设计:周　立
责任校对:刘志刚　　　　　责任印制:赵　晟

*

重庆大学出版社出版发行
出版人:饶帮华
社址:重庆市沙坪坝区大学城西路 21 号
邮编:401331
电话:(023) 88617190　88617185(中小学)
传真:(023) 88617186　88617166
网址:http://www.cqup.com.cn
邮箱:fxk@ cqup.com.cn(营销中心)
全国新华书店经销
重庆华林天美印务有限公司印刷

*

开本:787mm×1092mm　1/16　印张:9.5　字数:240千
2021 年 1 月第 1 版　　2021 年 1 月第 1 次印刷
印数:1—2 000
ISBN 978-7-5689-2426-9　定价:38.00 元

前　言

本书是模具设计与制造专业技能型人才学习和培训系列教材,是根据"模具材料与表面处理课程教学大纲"编写而成。本书可供高等职业学校和和成人教育院校"模具设计与制造"专业学生使用,也可供从事模具设计和模具制造技术人员和自学者参考、阅读。

模具材料是模具设计与制造的基础,它决定了模具的使用寿命、精度和表面质量,所以研究高性能的模具材料,根据模具的工作条件选择合理的模具材料,采用适当的热处理及表面处理工艺改善材料的质量相当重要。只有提高模具材料的质量,才能有效地延长模具的使用寿命,防止模具早期失效,为企业降低生产成本。

表面处理是提高模具表面性能常用的工艺方法,是提高模具质量和使用寿命的有效途径,对提高模具质量,降低生产成本,提高企业生产效率有着十分重要的意义。

本书主要体现以下特点:

(1)本书是由长期在教学及科研一线、教学经验丰富的教师在教学、教研和教改的基础上编写而成,其教学内容具有很强的实用性。

(2)本书综合了"模具材料"和"金属热处理"两课程的内容,使其更加适合现代职业教育的特点和发展方向。

(3)本书采用了模块化的教学方式编写,力求适应高职课程改革特点,使学生更加容易学习、接受。

《模具材料及表面处理》由贵州交通职业技术学院聂华伟任主编、贵州师范大学沈明明任副主编。在编写过程中,得到了贵州职业技术学院吴玉忠、贵州师范大学彭敏和贵州大学尹存宏、刘西霞的大力支持和帮助。在此一并表示感谢!

编　者

2020 年 9 月

目　录

项目一

模具材料基础

随着工业技术的迅速发展,为了提高产品质量,降低生产成本,提高生产效率和材料利用率,国内外的制造业广泛采用各种先进的无切削、少切削工艺,如精密冲压、精密锻造、压力铸造、冷挤压及等温超塑性成型等新技术,代替传统的切削加工。据统计,目前家用电器约80%的零部件依靠模具加工,机电工业中约70%的零部件采用模具成型;大部分塑料制品、陶瓷制品、橡胶制品、建材产品也采用模具成型。因此,模具是一种高效率的工艺装备。各种金属、塑料、橡胶等制品的生产都离不开模具,而模具的使用效果、使用寿命在很大程度上取决于模具的设计和制造水平,尤其与模具材料的选用和热处理质量有关。

任务一　模具材料的应用与发展

知识点一　模具材料在模具工业中的地位

模具是机械制造、汽车制造、航空航天、无线电仪表、电机电器、家电等工业部门中制造零件的主要加工装备,是国民经济各工业部门发展的重要基础之一。模具性能的好坏、寿命的长短,直接影响产品的质量、生产成本和经济效益。而模具材料与表面处理是影响模具寿命等诸多因素中最主要的因素。模具生产的工艺水平及科技含量的高低,已成为衡量一个国家科技与产品制造水平的重要标志。目前,世界各国都在不断地开发模具新材料,改进热处理新工艺和表面强化新技术。

当前模具工业发展有以下特点:一是品种繁多,量大面广,如70%以上的汽车和机电产品零件、80%~90%的塑料制品、60%~70%的日用五金件和一些消费品都是由模具生产的;二是在批量生产的前提下,模具在提高经济效益方面起了至关重要的作用;三是模具生产直接影响产品的开发、更新换代及其生产周期,随着人们对工业品的品种、数量和质量要求的不断提高,这就需要缩短制模周期、降低制模成本;四是模具向大型化、复杂化、精密化和自动化发展。综上所述,模具用量与日俱增,对模具的要求也越来越苛刻。如何才能更合理地提高模具的质量呢?怎样才能使模具在高精度、低成本、高效率条件下,更长时间地生产出合格的制件呢？这主要取决于模具的使用寿命。为了降低模具生产成本，保证模具质量，提高经济效益，在采用先进设备和制造工艺的同时，必须采取措施延长模具的使用寿命。这就要求必须合理选择模具材料，合理实施热处理和表面强化工艺，不断推广新材料、新工艺、新技术的应用。

模具钢是制造模具的主要材料，模具材料的发展水平直接影响模具工业的发展。模具钢是模具工业最重要的技术和物质基础，近年来，随着我国模具工业的发展，模具材料也飞速发展。世界各国都把模具钢产量统计到合金工具钢中，其产量占合金钢产量的 70%~80%。目前，工业发达国家的合金工具钢产量约占该国钢总量的 0.1%。我国主要特殊钢厂在 1986—1997 年，合金模具钢的产量每年的平均增长速率为 12%，由 4.88 万 t 上升到 11.3 万 t，其发展速度与国外基本持平。

知识点二　模具材料的发展及展望

1) 国内模具材料的发展历史

模具是从斧头、锤子等手工工具逐步发展而来的。人类从铁器时代就采用钢铁材料制造手工工具。我国是世界闻名古国之一，钢铁生产技术始于公元前 5 世纪初春秋战国时期，到西汉逐渐兴盛起来。至东汉时期，我国已创造了白口铸铁柔化处理技术，即高韧性可锻铸铁的生产技术。我国生态冶炼技术的发展要比欧洲早 1 900 年，锻铸铁生产技术更早于欧洲 2 300 年。

我国在春秋晚期已经发明了块炼渗碳钢技术，如长沙杨家山出土的春秋晚期的钢剑，就是 Wc 为 0.5% 的中碳钢。其生产工艺上先将铁矿石固态还原成海绵铁，然后进行渗碳，再经反复折叠锻打，最后锻打成具有多层结构的钢制工具。

在钢的热处理技术上，我国早在战国后期已广泛采用淬火工艺，如河北易县燕下都 44 号墓出土的钢剑和钢戟，都经过淬火处理，呈现针状马氏体显微组织。

我国很早就采用了钢铁制造模具。在战国时期，率先使用生铁制造铸造用的模具，用来浇铸铸铁的斧、凿、镰等工具。在河北兴隆县和河南新郑市，先后出土了大量战国时代的铁范。通过铸铁模具的使用，不仅可以改善铸造铁器的质量，而且由于模具可以多次使用，能够显著地提高生产效率、降低生产成本，对社会生产力的发展起到了较大的推动作用。

我国冷作模具发展也比较早，明代出版的《天工开物》一书中就记载有将钢尺锥成线眼，将钢条抽成线眼冷拔成钢丝，再将钢丝剪断制成针的工艺过程。说明当时已经采用钢制的冷拉模具生产针用钢丝。

17 世纪以来，通过产业革命，欧洲的钢铁生产技术得到迅速发展。而我国从 19 世纪以来长期受到封建主义、官僚资本主义和帝国主义的统治，沦为半封建半殖民地社会，生产技术停滞不前。1949 年前，年产钢仅 15.8 万 t，基本上不能生产模具钢，模具用钢几乎全部依靠进口。

自中华人民共和国成立后，我国模具钢的生产技术得到了迅速发展。1997 年，仅冶金系统的几个主要特殊钢厂的合金模具钢产量已达 11 万 t，居世界前列，国产模具钢基本能满足国内模具行业的需要，而且还有部分出口。

中华人民共和国成立 60 年来，我国通过引进和自己研制开发，逐渐形成了我国的模具钢钢种系列。1952 年，引进苏联国家标准，制订了我国重工业部合金工具钢标准；1959 年，根据我国资源情况，制订了冶金工业部合金工具钢标准 YB 7—1959。1977 年，在整顿原来的钢种系列的基础上,吸收我国历年来科研开发工作的经验,制订了我国第一个合金工具钢国家标准GB 1299—1977。1985 年,对该标准进行修订,颁发了 GB/T 1299—1985,1999 年进行再次修订,颁发了 GB/T 1299—2000,从而建立了具有我国特色的、接近世界先进水平的,包括冷作模具钢、热作模具钢、塑料模具钢和无磁模具钢的模具钢钢种系列,以适应使用部门和生产部门的需要。

2）国内模具材料的现状

中华人民共和国成立以来,我国模具钢生产发展较快,从无到有,从仿制到自行开发,在短短的 60 年内,我国模具钢产量已跃居世界前列。绝大部分国外的标准钢号和科研试制中的模具钢号,我国基本上均开展生产和研制工作。通过几次钢种的整顿和标准修订,已经初步形成了比较完整的具有中国特色的模具钢系列,在模具材料的生产技术、产品质量、科技研发以及应用工作等方面都取得了较多的新成就,主要表现在以下方面:

①模具钢年产量已居世界前列,模具钢系列化有了进步。

②研制了多种新型冷作模具材料,其中以合金钢为主,如 GD（6CrNiSiMnMoV）、DS（6CrWMoV）等低合金冷作模具钢;D2（Cr12MoV1）、LD（7Cr7Mo2V2Si）等韧性较高的高合金、高耐磨冷作模具钢;65Nb（6Cr4W3Mo2VNb）、LM1（6WBCr4VTi）等基体钢,这类基体钢广泛用于重载的冷作模具、难变形材料用的大型复杂模具和钢铁材料的热挤压模具。

③研制了不少高强韧性和高热稳定性的新型热作模具钢。如用于锤锻模的 3Cr2MoWVNi 钢、5Cr2NiMoVSi 钢;用于热挤压模具的 HM1（3Cr3Mo3W2V）钢、TM（4Cr3Mo2WVMn）钢、012Al（5Cr4Mo3SiMnVAl）钢、Y10（4Cr5Mo2MnVSi）钢、HD（4Cr3Mo2NiVNb）钢和 PH（2Cr3Mo2NiVSi）钢等。这些热作模具钢与传统热作模具钢 5CrMnMo,3Cr2W8V 等相比都具有良好的使用效果。

④近几年来,在引进国外塑料模具钢的同时,自行研制和开发了一批新型塑料模具专用钢。如预硬型塑料模具钢 P20（3Cr2Mo）、718（3CR2NiMo）;易切削预硬钢 8Cr2S（8Cr2MnWMoVS）、Y55（CrNiMnMoVS）;时效硬化型塑料模具钢 25CrNi3MoAl,PMS（1Ni3Mn2MoCuAl）和 06Ni（06Ni6CrMoVTiAl）等;耐蚀塑料模具钢 PCR（0Cr16Ni4Cu3Nb）。这些塑料模具钢的推广应用,改善了塑料模具的机械加工性能,提高了塑料模具的精度、表面质量和使用寿命。

⑤硬质合金钢和钢结硬质合金制造模具正在走向成熟。目前多用于拉丝模、冷冲模、冷镦模和无磁模。例如,硬质合金制造的硅钢片高速冲模,寿命可达上亿次;钢结硬质合金制造的 M12 冷镦模,其寿命大于 100 万次,而且提高了产品质量,降低了生产成本。

⑥广泛采用热处理新工艺。如片状珠光体组织预处理工艺、细化碳化物和消除链状碳化物组织的预处理工艺、Cr12 型冷作模具钢的低温淬火回火工艺、热作模具钢的中温回火等,都显著提高了模具的综合性能和使用寿命。

⑦表面强化处理。除了广泛应用传统的化学热处理技术外,还发展了多种表面涂覆处理技术和表面加工强化处理技术。如热锻模应用 Ni-Co-ZrO$_2$ 复合电刷镀可使模具寿命提高 50%～200%;采用化学气相沉积法沉积 Ni-P 复合涂层,硬度可达 1 000 HV,耐磨性相当于硬质合金;采用物理气相沉积法沉积 TiC,TiN 镀层可有效地改善模具表面的抗黏着性和抗咬合性,延长模具的使用寿命。

　　我国模具材料生产技术发展较快,由于我国制造业起步较晚,与发达国家相比,模具材料的生产和使用水平还较低,不能满足模具工业高速发展的需要,主要表现在以下方面:

　　①模具钢品种零散,系列化程度低。我国制订的 GB/T 1299—2000 标准中,由于中低档钢材多,质量性能参差不齐,其中约有一半无人订货,市场上也看不见的产品,因此,高质量的专用模具钢系列还未形成。例如,用量很大的塑料模具钢在 GB/T 1299—2000 中只纳入了两个钢号,显然不能满足各种不同类型的塑料模具的要求。

　　②模具钢品种结构不合理,其精料化、制品化程度较低,规格较少。目前,冶金厂生产的模具钢材品种大多数是圆钢,对于冷、热作模具钢用的厚板、方料、扁料等市场上极为少见。模具制造厂很多是将圆钢锯切改锻成扁钢或模块,由于多采用自由锻锤改锻,加工余量大,材料利用率低,影响模具的制造周期。在规格方面,国外发达国家每不到 5 mm 为一档,我国生产厂家往往把好几档规格合并为一个尺寸生产。

　　③模具钢冶金质量不够高。提高钢材的纯净度和均匀度,是提高钢材的内在质量、延长模具使用寿命的根本途径之一。国内目前专业生产模具钢的企业生产规模较小,对硫、磷等有害元素的控制不够严格。

　　④生产工艺和装备有一定差距。目前,我国虽然建立了一批技术先进的钢铁厂,采用新技术生产的模具钢品质已接近国际先进水平,使我国模具钢的品种、规格和质量都得到很大的改善。但部分钢铁厂仍在采用 20 世纪 50 年代的工艺装备进行生产,致使生产效率、产品质量、尺寸精度和表面质量方面与先进国家相比,还有一定的差距。

　　⑤轻视钢材使用过程中后续加工的质量。在我国,模具钢材出厂时通常为退火状态,大多数用户需要对这些钢材进行改锻后再使用,但是,厂家对改锻工艺和锻造后的退火处理工艺执行不严,甚至有些厂家采用 Cr12 钢也不经锻造而直接加工成模。另外,模具粗加工后的去应力处理、电加工后降低变质层脆性的处理、使用过程中中间去应力退火处理也往往被忽略,致使钢材使用能力的潜力难以发挥,模具的使用寿命缩短。

　　⑥不重视新材料和热处理新工艺的应用。模具设计人员习惯应用传统的模具钢和传统的热处理工艺方法,忽略选用新材料和新工艺。

　　3)国内模具材料的发展方向

　　随着我国模具工业的迅速发展,各种新技术、新材料的不断涌现,模具的工作条件日益苛刻,对模具材料的性能和品质等方面提出了更高的要求。近年来,我国研发了许多具有不同特性的、适应不同要求的新型模具材料,在材料品种、冶金质量、生产工艺和生产装备等方面都取得了较大的进步。为了满足模具工业发展的需要,我国模具材料的主要发展方向有以下方面:

　　①积极研发和引进性能优良的各种类型的新型模具材料,不断完善模具钢钢种系列。根据市场需要,增加品种、规格,进一步完善具有我国特色的系列化、标准化模具材料,以满足各种类型模具的用材需求。

　　②加速模具材料的品种规格向多样化、精料化、制品化发展。近年来,在模具设计和制造过程中,广泛采用 CAD 和 CAM 技术,使得材料利用率和模具的生产效率大大提高,制造周期也大大缩短。为了进一步提高模具材料的利用率和生产效率,降低模具的生产成本,满足我国制造业发展的需要,首先是对模具制造需要的各种各样的扁钢和厚钢板进行标准化和系列化,并制订详细的技术规范。例如,锻造扁钢、热轧扁钢、热轧板材、冷拉扁钢和圆钢等均由专业模具钢厂供应,稍作裁切即可直接使用。其次是模具材料的精料化,即由模具钢厂直接供

应经过机械加工的高精度、无热处理缺陷的各种规格和各种材质的精料。最后是向制品化发展。对于常用的模具零件,如模块、导套、导柱、推杆等制品,由专业钢厂批量生产,可确保热处理质量和精度要求。

③进一步提高模具钢的性能质量。首先要进一步提高模具钢的冶炼质量,高纯度的模具钢,不但可以提高钢的性能,还可以提高钢材的内在质量,从而延长模具的使用寿命。研究表明,钢中硫、磷的质量分数从 0.03% 降到 0.01% 以下,冲击韧性可以提高一倍以上。其次是生产等向性模具钢,使钢材的横向性能与纵向性能接近,当模具受到多向应力时不至于某个方向过早失效而影响模具的使用寿命。

④充分重视模具的正确选材。选材方法要向综合化发展,不仅要考虑制件的材质、尺寸、精度要求,模具的类型、结构、型腔复杂程度,还有考虑生产批量、质量和寿命要求,从而获得最佳经济效益。

⑤加强模具热处理新工艺及表面处理新技术的推广与应用。充分挖掘模具材料的潜力,提高模具材料的使用质量。

总之,我国模具钢技术的发展方向,主要是积极发展国际技术合作,发展高质量和高性能钢种,完善系列化和标准化,发展精料化、高级化和专业化生产,同时采用先进的工艺和装备,使我国模具材料的生产尽快赶超世界先进水平。

任务二　模具材料的分类

模具是一种高效率的工艺装备,各种金属、塑料、橡胶、玻璃及陶瓷等制品的生产都离不开模具。能用于制造模具的材料很多,模具材料按其类别的不同可分为:冷作模具材料、热作模具材料、塑料模具材料及其他模具材料。目前应用最多的是钢铁材料。由于模具钢是制造模具的主要材料,根据工作条件的不同,一般将模具材料分为冷作模具钢、热作模具钢和塑料模具钢,模具材料分类如图 1-1 所示。

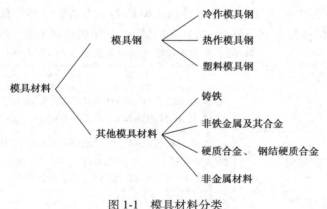

图 1-1　模具材料分类

知识点一　冷作模具钢

冷作模具钢是指用于制造冲裁模、挤压模、拉深模、冷镦模、弯曲模、成形模、剪切模、滚丝模和拉丝模等模具的钢材。

冷作模具工作时承受的应力状态复杂,且需承受较大的摩擦力。冷作模具钢是应用最为广泛的冷作模具材料。按照工艺性能、承受能力及化学成分可将冷作模具钢分为碳素工具钢、低合金冷作模具钢(油淬)、中合金冷作模具钢(空淬)、高合金(高碳高铬)冷作模具钢、高强度高耐磨性冷作模具钢、抗冲击冷作模具钢、基体钢和低碳高速钢、高耐磨高强韧性冷作模具钢及其他冷作模具钢等。冷作模具钢的分类见表1-1。

表 1-1　冷作模具钢的分类表

冷作模具材料的类型	钢　号
碳素工具钢	T7A,T8A,T10A,T12A
低合金冷作模具钢(油淬)	8MnSi,Cr2,9Cr2,CrW5,GCr15,9Mn2,9Mn2V,CrWMn,CrMnWV,9CrWMn,SiMnMo,9SiCr,GD
中合金冷作模具钢(空淬)	Cr5MoV,Cr6WV,Cr4W2MoV,Cr2Mn2SiWMoV,8Cr2MnWMoVS
高合金(高碳高铬)冷作模具钢	Cr12,Cr12Mo,Cr12MoV,Cr12Mo1V1
高强度高耐磨性冷作模具钢	W18Cr4V,W6Mo5Cr4V2,W12Mo3Cr4V3N
抗冲击冷作模具钢	4CrW2Si,5CrW2Si,6CrW2Si,60Si2Mn,5CrMnMo,5CrNiMo,5SiMnMoV,9SiCr
基体钢和低碳高速钢	65Nb,LD,CG-2,LM1,LM2,6W6
高耐磨高强韧性冷作模具钢	9Cr6W3Mo2V2(GM),Cr8MoWV3Si(ER5)
其他冷作模具钢	7CrSiMnMoV,18Ni(200),18Ni(250),18Ni(300),7Mn15CrAl3VWMo

知识点二　热作模具钢

热作模具主要指用于热变形和压力铸造的模具。其工作特点是在外力作用下,使加热的固体金属材料产生一定的塑性变形,或者使高温的液态金属铸造成形,从而获得各种所需的零件或精密毛坯。根据热处理工艺性能可将热作模具钢分为高韧性热作模具钢、高热强性热作模具钢、高耐磨热作模具钢和特殊用途热作模具钢。常用热作模具钢的分类见表1-2。

表 1-2　常用热作模具钢的分类表

热作模具材料的类型	钢　号
高韧性热作模具钢	5CrNiMo,5CrMnMo,4CrMnSiMoV,5SiMnMoV,5Cr4Mo,5CrMnSiMoV,4SiMnMoV,5Cr2MoNiV,3Cr2MoWVNi
高热强性热作模具钢	3Cr2W8V,4Cr5MoSiV,4Cr5W2VSi,5Cr4Mo3SiMnVAl,3Cr3Mo3W2V,5Cr4W5Mo2V,4Cr3Mo3SiV,4Cr4MoWSiV,4Cr4Mo2WSiV,4Cr5WMoSiV,3Cr3Mo3VNb,3Cr3Mo3V
高耐磨热作模具钢	8Cr3,7Cr3

续表

热作模具材料的类型		钢　　号
特殊用途热作模具钢	奥氏体热作模具钢	7Mn15Cr2Al3V2WMo,5Mn15Cr8Ni5MoV2,7Mn10Cr8Ni10Mo3V2,Cr14Ni25Co2V,45Cr14Ni14W2Mo
	高度工具钢	W18Cr4V,W6Mo5Cr4V2
	马氏体时效钢	18Ni(250),18Ni(300),18Ni(350)
	析出硬化型热作模具钢	2Cr3MoNiVSi
	冷热兼用基体钢	5Cr4Mo3SiMnVAl,6Cr4mO3Ni2WV,5Cr4W5Mo2V,6W8Cr4VTi,6Cr5Mo3W2VSiTi,5Cr4Mo2W2SiV

知识点三　塑料模具钢

在模具工业中,除了冷作模具和热作模具得到广泛应用外,塑料制品现已广泛应用于手工业生产、交通、通信、医疗和人们的日常生活中。塑料模具钢按钢材的特性和使用时的热处理状态可分为碳素塑料模具钢、渗碳型塑料模具钢、预硬化型塑料模具钢、时效硬化型塑料模具钢、耐蚀型塑料模具钢及淬硬型塑料模具钢等。常用塑料模具钢的分类见表1-3。

表 1-3　常用塑料模具钢的分类表

塑料模具材料的类型	钢　　号
碳素塑料模具钢	SM45,SM50,SM55
渗碳型塑料模具钢	20Cr,20CrMnTi,12CrNi3A,12CrNi2A,12Cr2Ni4,20Cr2Ni4,2CrNi3MoAlS,0Cr4NiMoV
预硬化型塑料模具钢	3Cr2Mo,3Cr2MnNiMo,40Cr,42CrMo,5CrNiMnMoVSCa,8Cr2MnWMoVS,5CrMnMo,5CrNiMo,Y55CrNiMnMoV,30CrMnSiNi2A,4Cr3Mo3SiV,4Cr5MoSiV
时效硬化型塑料模具钢	06Ni6CrMoVTiAl,10Ni3MnCuAl,25CrNi3MoAl,0Cr16Ni4Cu4Nb,05Cr17Ni4Cu4Nb,07Cr15Ni7Mo2Al
耐蚀型塑料模具钢	SM2Cr13,30Cr13,SM4Cr13,95Cr18,102Cr17Mo,14Cr17Ni2,SM3Cr17Mo,0Cr16Ni4Cu4Nb(PCR),12Cr18Ni9
淬硬型塑料模具钢	T8A,T10A,T12A,CrWMn,9SiCr,MnCrWV,9CrWMn,9Mn2V,7CrMn2WMo,Cr12MoV,GCr15,7CrSiMnMoV

知识点四　其他模具材料

模具材料主要选用钢材,但在实际的模具设计与制造过程中,根据被加工材料的性能、精度和坯料大小,也会考虑选用其他类型的模具材料,如有色金属及合金、硬质合金、钢结硬质合金、陶瓷合金、高温合金、铸钢、铸铁和非金属材料等。这些材料具有模具材料的性能,可满足模具力学性能和工作条件的需求。对于有特殊性能要求的批量加工件,从经济性、精密性和简化制造流程等方面综合考虑,选用这些材料来制造模具是可行且必要的。

任务三 模具材料的性能要求

模具的工作条件不同,对模具材料的性能要求也不同,模具工作者需要根据模具的工作条件和使用寿命等要求,合理地选用模具材料及热处理工艺,使模具材料能达到主要性能最优,其他性能损失最小的状态。对各类模具材料提出性能要求,包括使用性能和工艺性能。对模具材料的性能要求,一般是根据模具工作条件的复杂性、工作温度的不一致性,同时,充分考虑模具需要承受高压、冲击、振动、摩擦、弯扭、拉伸及载荷等作用提出来的。

知识点一 冷作模具材料的性能要求

根据模具的设计、加工制造过程和使用过程,对模具材料有两方面的性能要求:一是冷作模具材料应具有的使用性能;二是冷作模具材料应具有的工艺性能。

1)使用性能要求

冷作模具种类繁多,结构复杂,在工作中受到拉伸、弯曲、压缩、冲击、疲劳、摩擦等机械力的作用,其正常的失效形式主要是磨损、脆断、变形、咬合等。因此,对冷作模具材料使用性能的基本要求如下:

（1）良好的耐磨性

冷作模具在工作时,模具表面与坯料之间直接接触,存在压应力的作用,会产生许多次摩擦,模具表面会产生一些微观凹凸擦痕。因此,要求模具必须在这种情况下仍能保持较低的表面粗糙度值,以防止造成机械磨损。

模具材料的耐磨性与材料的硬度和组织有密切的关系,因此,为提高冷作模具的抗磨损性,一般要求模具的硬度要高于被加工件硬度的 $30\% \sim 50\%$;材料的金相组织为回火马氏体或下贝氏体,其上均匀分布着大量细小坚硬的粒状碳化物。

（2）较高的强度

模具材料的强度是指在工作过程中抵抗变形和断裂的能力。强度指标是冷作模具设计和材料选择的重要依据,主要包括拉伸屈服点和压缩屈服点。为获得较高的强度,在材料选定的情况下,更重要的是通过适当的热处理进行强化,使其达到规定要求。

（3）足够的韧性

对韧性的要求,应根据冷作模具的工作条件来考虑。对于受冲击载荷较大、易受偏心弯曲载荷或有应力集中的模具等,都需要较高的耐性。而一般工作条件下的冷作模具通常受到的是小能量多次冲击载荷的作用,它的失效形式是疲劳断裂,因此,冷作模具不必要求过高的冲击韧度值,而是需要提高其多冲击疲劳抗力。

（4）良好的抗疲劳性能

从其长期工作的过程看,几乎所有的冷作模具(如冷镦、冷挤、冷冲)通常是在交变载荷作用下发生疲劳破坏的,因此,要求其具备较高的疲劳抗力,以提高模具使用寿命。影响模具抗疲劳性能的因素很多,主要有钢中带状和网状碳化物、粗大晶粒,以及模具表面的微小加工刀痕、凹槽及截面尺寸变化过大、表面脱碳等。

（5）良好的抗咬合性能

当被冲压材料与模具表面接触时，在压应力和摩擦力的作用下，润滑油膜被破坏，此时，被冲压件金属"冷焊"在模具型腔表面形成金属瘤，从而在成形工件表面划出道痕，抗咬合性能是指对发生"冷焊"的抵抗能力。影响抗咬合性能的主要因素是成形材料的性质（如奥氏体不锈钢、镍合金）和润滑条件。

2）工艺性能要求

冷作模具材料在制成模具零部件过程中，还需要进行各种加工。冷作模具具有的工艺性能要求主要包括可锻造性、可加工性、可磨削性、热处理工艺性等。

（1）可锻造性

可锻造性不仅可以减少模具的机械加工余量，更重要的是可改善坯料的内部组织缺陷，形成流线状的组织。因此，锻造质量的好坏对模具质量有很大的影响。良好的锻造性是指变形抗力低、塑性好、锻造温度范围宽，锻裂、冷裂及析出网状碳化物的倾向性小。

（2）可加工性

对可加工性的要求是切削力小，切削用量大，刀具磨损小，加工表面光洁。对于大多数模具材料切削加工都较困难，为了获得良好的切削加工性能，需要正确进行热处理；对于表面质量要求极高的模具，常选用含 S,Ca 等元素的易切削模具钢。

（3）可磨削性

为了达到模具的尺寸精度和表面粗糙度的要求，许多模具零件必须经过磨削加工。对于可磨削性的要求是对砂轮质量及冷却条件不敏感，不易发生磨伤与磨裂。

（4）良好的热处理工艺性

热处理工艺性主要包括淬透性、淬硬性、回火稳定性、脱碳倾向、过热敏感性、淬火变形与开裂倾向等。

①良好的淬透性和淬硬性

淬透性主要取决于钢的化学成分。对于大型模具，除了要求表面有足够的硬度外，还要求心部有良好的强韧性配合，这就需要模具钢具有高的淬透性——淬火时采用较缓的冷却介质，就可以获得较深硬化层；对于形状复杂的小型模具，常采用高淬透性的模具钢制造，这是为了使其淬火后能获得较均匀的应力状态，以避免开裂或较大的变形。

淬硬性主要取决于刚的含碳量。对要求耐磨性高的冷作模具，一般选用高碳钢制造。

②良好的回火稳定性

回火稳定性反映了冷作模具受热软化的抗力，可以用软化温度（保持硬度 58 HRC 的最高回火温度）和二次硬化硬度来评定。回火稳定性越高，钢的热硬性越好，在相同的硬度情况下，其韧性也越好。因此，对于受到强烈挤压和摩擦的冷作模具，要求模具材料具有较高的回火稳定性。一般，对于高强韧性模具钢，二次硬化硬度不应低于 60 HRC；对于高承载模具钢不应低于 62 HRC。

③较小的脱碳倾向、过热敏感性

脱碳严重降低模具的耐磨性和疲劳寿命；过热会得到粗大的马氏体，降低模具的韧性，增加模具早期断裂的危险性。因此，要求冷作模具钢的脱碳倾向、过热敏感性要小。

④较小的淬火变形、开裂倾向

模具钢淬火变形、开裂倾向与材料成分、原始组织状态、工件几何尺寸、形状、热处理工艺方法和参数都有很大关系,在模具的设计和选材上必须加以考虑。通常,由热处理工艺引起的变形、开裂问题,可以通过控制加热方法、加热温度、冷却方法等热处理工序来解决;而由材料特性引起的变形、开裂问题,主要是通过正确选材、控制原始组织状态和最终组织状态来解决。

知识点二 热作模具材料的性能要求

根据工作条件,可将热作模具分为热锻模、热挤压模、压铸模和热冲裁模等。

热作模具的工作条件相当复杂,承受很大的冲击载荷、强烈的摩擦、剧烈的冷热循环所引起的不均匀热变和热应力以及高温氧化,常发生工部位崩裂、塌陷、热磨损、热疲劳及断裂等形式的失效。因此,对模具材料的特性要求也很严格。为了满足热作模具的使用要求,热作模具材料应具备以下性能要求:

(1)较高的高温强度和良好的韧性

热作模具,尤其是热锻模,工作时承受很大的冲击力,而且冲击频率很高,如果模具没有较高的高温强度和良好的韧性,就容易开裂、塌陷、变形。

(2)良好的高温耐磨性

由于热作模具工作时除了受到毛坯变形时产生摩擦磨损之外,还受到高温氧化腐蚀和氧化铁屑的研磨,因此,要求热作模具材料有较高的硬度和耐磨性。

(3)较高的热稳定性

热稳定性是指钢材在高温下可长时间保持其常温力学性能的能力。热作模具工作时,接触的是炽热的金属,甚至是液态金属,因此模具表面温度很高,一般为 $400 \sim 700\ ℃$。这就要求热作模具材料在高温下不发生软化,具有较高的热稳定性,否则模具就会发生塑性变形,造成坍塌而失效。

(4)良好的抗热疲劳性

热作模具的工作热点是反复受热受冷,模具一时受热膨胀,一时冷却收缩,形成很大的热应力,而且这种热应力是方向相反、交替产生的。在反复热应力的作用下,模具表面会形成网状裂纹(龟裂),这种现象称为热疲劳,模具因热疲劳而过早地断裂,是热作模具失效的主要原因之一。因此,热作模具材料必须具有良好的抗热疲劳性。

(5)较高的淬透性

热作模具一般尺寸较大,尤其是热锻模,为了使整个模具截面的力学性能均匀,要求热作模具钢有较高的淬透性能。

(6)良好的导热性

为了使热作模具在工作时不因积热过多而导致力学性能下降,尽可能降低模具表面的温度,减小模具内部的温差。这要求热作模具材料具有良好的导热性能。

(7)良好的冷热加工工性

热作模具材料应具有良好的冷热加工性能,以提高产品的质量,降低模具的制造成本,满足加工成形的需要。

(8)良好的耐热熔蚀性

熔融金属以高压高速注入压铸模内,对模壁冲刷和侵蚀,易使金属黏结,渗入模壁,发生化学反应,造成模壁腐蚀。这要求热作模具材料与熔融金属的亲和力小,并通过表面处理形成防黏模、熔蚀的保护层。

知识点三　塑料模具材料的性能要求

塑料制品正向高速化、大型化、精密复杂化、多型腔化发展,对塑料模具钢要求有良好的综合性能,对塑料模具材料的强度和韧度要求不如冷作模具材料和热作模具材料高,但对材料的加工工艺性能要求高。塑料模具主要以磨损、腐蚀、变形和断裂的形式失效。

1）使用性能要求

（1）在工作温度下具有足够高的强度和硬度

塑料注塑成型时对模具的压力很大,而合模压力一般为注塑压力的 1.5～2 倍,因此,为防止塑料模具工作时型腔表面塌陷、变形等,塑料模具钢应有较高的硬度,以及有足够的硬化层深度和心部强度。

（2）良好的耐磨性和耐蚀性

随着塑料制品用途的扩大,往往在塑料中添加玻璃纤维之类的无机材料以增强其塑性,添加物会使塑料的流动性大大降低,易导致模具的磨损。某些添加物如抗燃剂、聚氯乙烯等,在成形过程中会释放出腐蚀气体,使模具锈蚀而损坏。

对塑料模具材料的这些性能要求主要取决于被加工塑料的性质和塑料制品所要求的表面质量。当塑料成型过程中有腐蚀性物质析出时,要求塑料模具材料具有良好的耐蚀性;当塑料制品需要很高的表面质量时,模具表面的轻度磨伤就会导致失效,这时要求塑料模具材料具有较高的耐磨性。一般来说,热固性塑料中多含固体填料,在交联反应时,往往有化学气体等物质放出,这就要求塑料模具材料同时具有较高的耐磨性和耐蚀性。

（3）较好的耐热性和尺寸稳定性

由于模具镶块的加工精度和配合精度都很高,拼镶型腔的结合面要求密合,为了保证模具在使用时的精度及变形微小,故要求塑料模具钢淬火变形小,尺寸精度高,还具有较高的耐热性。为了减少升温,模具钢还应具有较低的热膨胀系数。

（4）良好的导热性

为了使塑料制品尽快地在模具中冷却成形,塑料模具钢应具有良好的导热性。

2）工艺性能要求

塑料模具大多要求精度高、表面质量高,导致塑料模具的加工制造难度和成本较高,因此,对塑料模具材料的工艺性能要求也很突出。

（1）良好的机械加工性能

塑料模具型腔的几何形状大多比较复杂,型腔表面质量要求高,难加工部位较多,因此,模具材料应具有良好的可加工性和磨削加工性能。对较高硬度要求的塑料模具材料进行预硬化处理,即预先处理达到 35～45 HRC 的硬度要求,经机械加工后,不再进行热处理,以保证尺寸精度和表面粗糙度。

（2）较好的焊接性能

塑料模具型腔在加工中受到损伤时,或在使用中被磨损需要修复时,常采用焊补的方法,因此,模具材料要有较好的焊接性能。

（3）较易的热处理工艺性能

塑料模具的高精度,要求材料的热处理工艺应简单,材料有足够的淬透性和淬硬性,变形开裂倾向小,工艺质量稳定。

（4）镜面抛光性能

型腔表面要求抛光成镜面,其表面粗糙度 Ra 低于 0.4 μm,镜面抛光性能不好的材料,在抛光时会形成针眼、空洞和斑痕等缺陷。模具的镜面抛光性能主要与模具材料的硬度和微观组织等因素有关,因此,要求钢材冶金质量好。

（5）电加工性能

模具材料在电加工过程中会出现一般机械加工不会出现的问题。有些材料线切割时会出现炸裂,产生较深的硬化层,增加抛光难度。因此,模具材料必须具有良好的电加工性能。

（6）饰纹加工性能

塑料制品为了美化,要求设计各种花纹图案。因此,模具材料要有良好的饰纹加工性能,以便进行纹理图案的加工。

思 考 与 练 习

1.模具材料一般可分为哪几类?

2.从工艺性能和承载能力角度试判断下列钢号属于哪类冷作模具钢?

5CrW2Si,20CrMnTi,12CrNi3A,60Si2Mn,5CrMnMo,9Cr2,CrW5,4Cr5MoSiV,4Cr5W2VSi,SM4Cr13,95Cr18。

3.简述塑料模具材料应具有的基本性能要求。

项目二

模具表面处理技术基础及应用

模具在承受外力时,通常表面受力形式最为复杂,如零件结构及服役条件等因素引起的应力大多集中在表面,故模具表面的工作条件比心部更加严酷,模具表面容易早期损坏。因此,对模具表面进行强化处理,通过各种表面强化处理技术,改变模具表层的成分、组织和性能,从而改善和提高模具的表面强度、硬度、耐磨性、耐蚀性、耐摩擦性和高温抗氧化性,以及提高模具型腔表面抗擦伤能力、抗咬合性等。模具表面使用性能的提高,不仅可以有效地延长模具的使用寿命,降低生产成本,还可以提高被加工件的表面质量。

任务一 表面形变和组织变化改性技术

表面形变和组织变化改性技术的基本原理是通过机械方法(喷丸、滚压和内挤压等)在金属表面产生压缩变形,使表面形成高强度硬化层,此形变硬化层的深度可达 0.5~1.5 mm。在此形变硬化层中产生两种变化:一是在组织结构上,亚晶粒极大地细化,位错密度急剧增加,晶格畸变增大;二是形成了高的宏观残余压应力。

知识点一 喷丸强化

喷丸强化是将大量的硬质丸粒(直径一般为 0.4~2 mm)高速、连续地喷射到已加工完毕的金属表面,使其表面形成一定厚度的冷作硬化层,并产生较大的残余压应力,从而提高模具表面强度、硬度、疲劳强度、抗冲击磨损性及抗应力腐蚀性能。丸粒可以是铸铁丸、铸钢丸、不锈钢丸和砂石等,若用钢丸更好。喷丸强化所用设备,按驱动丸粒的方式可分为气动式喷丸装置和机械离心式喷丸装置,这些装置使丸粒能以 35~50 m/s 的速度喷射出。如图 2-1 所示为喷丸表面强化层结构示意图。

经喷丸处理后的模具具有以下性能特点:

①由于喷丸在金属表面产生残留压应力和晶格畸变,从而明显地减缓了疲劳裂纹的生成或抑制了其扩展的速度。

②在喷丸过程中,金属表面的塑性变形和残留应力状态变化及重新分布,促使残留奥氏

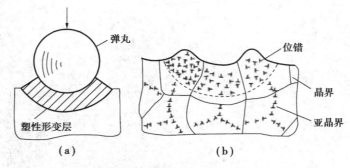

图 2-1　喷丸表面强化层结构示意图

体转变成为马氏体,从而提高了模具表面硬度、抗疲劳强度和抗冲击磨损性能。

③模具经喷丸后,由于圆形丸粒的高速反复喷射撞击,削平了刀痕,改善了磨加工和电加工的表面粗糙度。

Cr12 钢制洗衣机电动机定子转子落料模,经淬火、回火处理和线切割加工后直接使用时会发生折断失效,平均使用寿命只有 3 万余次,改为最后增加一道喷丸强化处理工序,其使用寿命提高到 10 万次。3Cr2W8V 钢制活扳手热锻模,经常规处理后,一次刃磨的使用寿命为1 750件左右,经喷丸处理后,使用寿命提高到 2 634 件。

知识点二　滚压强化

滚压强化是利用特制的滚压工具,在模具表面施加一定的压力,使模具表面层的金属发生塑性变形和加工硬化现象,从而提高表面的强度和硬度,并产生较大的残余压应力。目前,滚压强化用的滚轮和滚压力大小等尚无标准。对圆角、沟槽等可通过滚压获得表层形变强化,并能在表面产生约 5 mm 深的残余应力。如图 2-2 所示为表面滚压强化示意图。

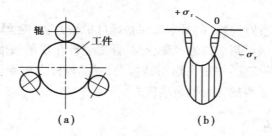

图 2-2　表面滚压强化示意图

知识点三　激光冲击强化

激光冲击强化是利用高功率强激光束产生的高温高密度等离子体爆炸所形成的冲击波作用于工件表面,强大的冲击应力波使材料表面发生塑性变形,激光作用结束后,由于周围金属材料的反作用而产生的较高的残余应力,抑制或延缓裂纹的产生和蔓延,以改善金属材料的抗疲劳寿命、耐磨损性和耐蚀性。

知识点四　表面热处理

1) 感应表面淬火

感应表面淬火是指利用感应电流通过共建所产生的热量,使工件表面、局部或整体加热并快速冷却的热处理工艺。如图 2-3 所示为感应表面淬火示意图。将工件放入感应器(线圈)中,感应器通入一定频率的交流电,以产生交变磁场,并在工件内部产生同频率的感应电流,并自成回路,称为涡流。涡流在工作截面上分布不均匀,表面密度大,心部密度小。涡流具有"集肤效应",电流频率越高,涡流越趋近于工件表面。由于工件本身有电阻,因此集中于工件表层的涡流可使表层迅速被加热到淬火温度,而心部仍接近于室温,在喷水快速冷却后,工件表层被淬硬,达到表面淬火的目的。

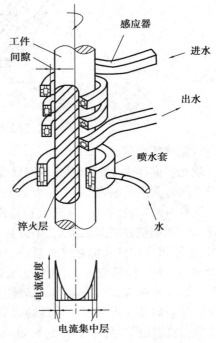

图 2-3　感应表面淬火示意图

感应表面淬火时,淬硬层深度主要取决于电流的频率,频率越高淬硬层越薄。按电流频率不同,感应表面淬火分 3 种:高频感应表面淬火(常用频率为 200 ~ 300 kHz,淬硬层深度为 0.5 ~ 2 mm)、中频感应表面淬火(常用频率为 2 500 ~ 8 000 Hz,淬硬层深度为 2 ~ 10 mm)、工频感应表面淬火(常用频率为 50 Hz,淬硬层深度为 10 ~ 20 mm)。

与普通淬火相比,感应表面淬火加热速度极快,加热温度高,奥氏体晶粒均匀细小,淬火后可在工件表面获得极细马氏体,其硬度比普通淬火高 2 ~ 3 HRC,且脆性较低,因马氏体体积膨胀,工件表层产生残留压应力,抗疲劳强度提高 20% ~ 30%,工件表层不易氧化和脱碳,变形小,淬硬层深度易控制。但感应表面淬火设备较贵,维修调整较困难,对形状复杂的零件不易制造感应器,更适用于小型模具零件的感应表面淬火处理。

2) 火焰表面淬火

火焰表面淬火是将高温火焰(如氧乙炔焰、氧丙烷焰)喷向工件表面,将其迅速加热到淬火温度,再立即加以冷却,使其表面具有高硬度、心部具有足够强度和韧性的一种表面热处理工艺,其淬硬层深度一般为 2 ~ 6 mm。如图 2-4 所示为火焰表面淬火示意图。

与感应淬火相比,火焰淬火的设备简单、操作方便、生产成本低。但因火焰温度高,若操作不当工件表面容易过热或加热不均,造成硬度不均匀,淬火质量难以控制,易产生变形与裂纹。适用于中碳钢、中碳合金钢大型模具和小批量生产、多品种模具的热处理,如汽车车身覆盖件大型拉深模、大型冲模等模具的表面淬火。

我国自行研发的 7CrSiMnMoV 火焰淬火冷作模具钢,经氧乙炔焰加热到淬火温度后空冷即可达到淬硬的目的,而且能使模具制造周期缩短近 10%,价格降低 10% ~ 20%,节省能源 80% 左右。

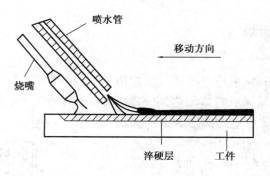

图 2-4　火焰表面淬火示意图

3）激光表面淬火

激光表面淬火也称为激光相变硬化，是利用高功率密度的激光束快速照射到工件表面，在极短的时间内，使被照射工件表面由于吸收激光的能量而迅速升温，当激光束移开后，工件通过其自身的"自冷淬火"来提高位错密度、细化组织、提高固溶含碳量从而使表面得到强化的技术。利用该方法对低碳钢、中碳钢和低合金工具钢等进行处理后，能够获得细晶马氏体组织，位错密度比常规加热淬火显著提高，淬火组织细小、硬度显著提高（比普通淬火的硬度高 15%~20%），模具变形小，几乎无氧化脱碳，对模具的表面粗糙度没有太大影响，并使材料表面的综合性能得到很大改善，耐磨性显著提高。

激光表面淬火可以改善模具的表面硬度、耐磨性、耐热稳定性、抗疲劳性和断裂韧度等力学性能，是提高模具使用寿命的有效途径之一。例如，GCr15 钢制轴承保持架冲孔用冲孔凹模，常规处理后的使用寿命为 1.12 万次，经激光处理后的寿命可达 2.8 万次；GCr15 钢制挤压孔边用压坡模具，经激光处理后可连续冲压 6 000 件，而按常规热处理工艺处理后，最高使用寿命仅为 3 000 件。传统的火焰淬火处理大型的汽车覆盖件模具，其表面的淬火硬度一般只能达到 40~50 HRC，而采用激光表面淬火后，其表面的淬火硬度可以提高到 55~65 HRC，极大地提高了模具的耐磨性，延长了模具的使用寿命。

4）电子束表面淬火

电子束是指一束集中的高速电子，当照射到金属表面时，与金属表面电子发生碰撞，从而使被处理的金属表面温度迅速升高。如图 2-5 所示为电子束产生及工作原理。钨丝为发射电子的电子源，在阴极和阳极之间最高电压为 60 kV 的直流高压，调节电压的大小可以改变加速电子的速度，高速的电子流通过磁性聚焦线圈，可将电子束聚焦成各种不同尺寸的束流，被聚焦的束流在低真空室内轰击工件表面，从而实现加热，并可防止工件熔化过程中的氧化。

电子束表面淬火是利用 106~108 W/cm^2 的高能量密度电子束轰击工件表面，电子与工件材料中的原子相碰撞，给原子以能量，使受轰击的工件表面温度迅速升高，在几分之一秒内使工件表面加热到相变温度以上，而基体保持冷态，电子束轰击一旦停止，工件表面依靠自激冷却，实现淬火的表面热处理工艺。

由于电子束能量非常集中，故加热速度极快（3 000~5 000 ℃/s），冷却速度快，从而获得超细晶粒组织，使得工件表层的强韧性、耐磨性显著提高，这是电子束表面淬火的最大特点。另外，由于加热层薄，故可进行自激冷淬火，且淬火后其硬度比常规淬火高 1~2 HRC。由于电子束加热速度极快，使模具零件变形极小，故淬火后无须后续的校正工作。电子束加热淬火后的金相组织为细晶结构。与激光表面淬火相比，电子束表面淬火工艺更易控制、成本更低廉。

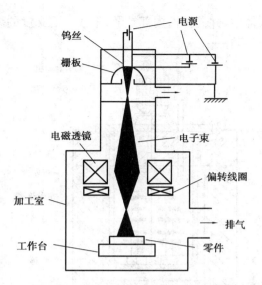

图 2-5 电子束产生及工作原理示意图

知识点五 化学热处理

化学热处理是将工件置于适当的活性介质中加热、保温，使一种或几种元素渗入工件表层并向内扩散，以改变其化学成分、组织和性能的热处理工艺。化学热处理能有效地提高模具表面的耐磨性、耐蚀性、抗咬合性、抗氧化性等性能。化学热处理就是利用化学反应和物理冶金相结合的方法改变金属材料表面的化学成分和组织结构，从而使材料表面获得某种性能的工艺过程。目前使用最多的工艺是渗碳、渗氮、碳氮共渗、渗硼、TD 处理法等。

任何化学热处理通常都是由以下基本过程组成：

①在一定温度下介质中各组分发生化学反应或蒸发，形成渗入元素的活性组分。

②活性组分在工件表层向内扩散，反应产物离开界面向外逸散。

③活性组分与工件表面碰撞，产生物理吸附或化学吸附，溶入或形成化合物，其他产物解析离开。

④被吸附并溶入渗入元素向工件内部扩散，当渗入元素的浓度超过基体金属的固溶度时，发生反应扩散，产生新相。

1）渗碳

渗碳是将工件放入含有活性碳原子的介质中，进行加热、保温，使碳原子渗入工件表面，使工件在保持心部高韧性的条件下获得高硬度的表面层，从而提高模具的耐磨性和疲劳强度的热处理工艺。主要用于低碳钢和低碳合金钢制造模具零部件的表面强化。常用的渗碳温度为 900~930 ℃。常用的渗碳方法有：在以木炭为主的渗碳剂量中加热的固体渗碳方法；在以 NaCl 为主要成分的熔盐中加热的液体渗碳方法；在渗碳性介质气体中加热的气体渗碳方法等。

最常用的是气体渗碳方法，如图 2-6 所示为气体渗碳示意图，将工件置于密封的渗碳炉中，滴入易于热分解和汽化的液体（如煤油、甲醇等），或直接通入渗碳气体（如煤气、石油液化气等），加热到渗碳温度，上述液体或气体在高温下分解形成渗碳气氛，活性碳原子被工件表面吸收而溶于高温奥氏体中,并向工件内部扩散,形成一定深度的渗碳层。

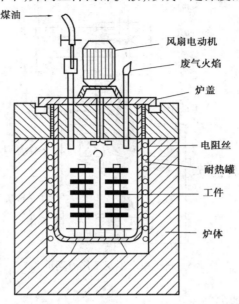

图 2-6　气体渗碳示意图

气体渗碳生产率高、操作方便,渗碳层质量容易控制,渗碳后可以直接淬火,应用范围广泛,可用于成批生产,但是操作时间长;液体渗碳操作简单,加热速度快,渗碳时间短,可以直接淬火,适用于批量生产,但多数渗剂有毒,工件表面粘有残盐,需要清洗;固体渗碳时间长,劳动条件差,渗层质量不好控制,但对热加炉要求不高,适用于小批量生产。

渗碳技术主要应用与同时承受严重磨损和较大冲击载荷的模具,在冷作模具、热作模具、塑料模具及模架零件上都可起到提高模具使用寿命的作用。例如,汽车软管凸模,原用Cr12MoV 钢制造,硬度为 58~62 HRC,因模具承受很大的冲击载荷,寿命不足 2 000 件就会产生断裂失效,后凸模材料改用 20Cr 钢,经渗碳处理后,渗层深 1.0~1.2 mm,硬度为 60~62 HRC,寿命提高到了 3 万件。

2) 渗氮

渗氮是指于一定温度下在含有活性氮的介质中使氮原子渗入工件表面并向内扩散,形成氮化物层,以提高模具表面硬度、耐磨性、疲劳强度及抗咬合性等的化学热处理技术。常用的渗氮工艺有:在含氮气氛中加热的气体渗氮;真空炉中的离子渗氮;在以 NaCl 为主要成分的盐浴中加热的盐浴渗氮;电解催渗渗氮。

为了使渗氮有较好的效果,模具材料应选择含有 Al,Cr,Mo 等合金元素的钢种,以便渗氮后形成坚硬耐磨的氮化物,如 AlN,CrN,MoN,使渗氮后工件表面有很高的硬度和耐磨性。

气体渗氮是采用氨气作为渗氮介质进行的渗氮处理,渗氮温度为 500~750 ℃。气体渗氮适用于要求表面硬度高、耐磨性好、热处理变形小及精度高的零件,如精密机床主轴等。其缺点是渗氮速度慢,例如,要获得 0.2~0.5 mm 的氮化层,一般需要 20~50 h。

离子渗氮是在真空室内利用含氮的稀薄气体的辉光放电现象进行氮化处理,如图 2-7 所示为离子渗氮装置示意图,将渗氮的工件放在密封的真空容器内加热到 350~570 ℃,真空度为 2.6 Pa,再充入一定比例的氮、氢混合气体或氨气,气压在 70 Pa 左右,以工件为阴极,在真空容器内相对一定的距离设置阳极,在两极加以 400~1 000 V 的直流电压,使之产生辉光放电,根据渗氮温度的不同,电流密度一般为 0.5~3 mA/cm^2。在高压电场作用下气体介质发生电离,产生高能离子,并以极高的速度轰击工件表面,使氮离子转换为氮原子渗入工件表面,再经过扩散形成渗氮层。

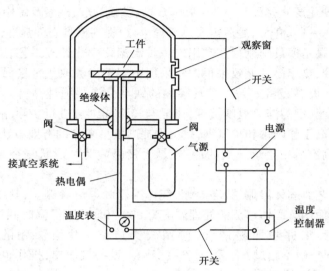

图 2-7 离子渗氮装置示意图

与气体渗氮相比,离子渗氮层的韧性和抗疲劳强度显著提高,并且渗氮速度快,获得同样厚度的渗氮层只需要气体渗氮时间的 4/1~1/2;工件变形小,对材料的适应性强,各种钢材、铸铁和有色合金都能进行离子渗氮。

渗氮常用于受冲击作用较小的热锻模、冷挤压模、压铸模和冲模等的表面处理,以提高其耐蚀性、耐磨性、抗热疲劳性、抗黏附性等性能及提高模具的使用寿命。

3)碳氮共渗

碳氮共渗是指在一定温度下,使工件表面同时渗入碳原子和氮原子的热处理工艺。其目的是在保持心部高韧性的条件下获得高硬度的表面层。碳氮共渗层不仅比渗碳层具有较高的耐磨性,而且有较高的耐蚀性、疲劳强度和抗压强度。此外,碳氮共渗还具有热处理变形小,生产周期短等特点。

碳氮共渗工件的组织和性能主要取决于共渗温度,按照温度的不同,可分为高温(900~930 ℃)、中温(750~880 ℃)及低温(500~700 ℃)碳氮共渗 3 种。高温碳氮共渗以渗碳为主,应用较少。中温碳氮共渗以渗碳为主,目的是提高工件表面的硬度和耐磨性。与渗碳相比,具有加热温度低,时间短,工件变形小,渗碳层有较高的耐磨性、抗疲劳强度和抗压强度,有一定的抗蚀能力等优点。低温碳氮共渗以渗氮为主,即软氮化,其共渗温度为520~570 ℃,时间为 2~4 h,共渗层深度为 0.02~0.06 mm,比渗氮有较高的抗压强度和较低的表面脆性。

碳氮共渗适用于基体具有良好韧性且表面硬度高、抗黏着性好、耐磨性好的模具,如塑料模具及冲裁模的凸模和凹模等。例如,柴油机壳体拉深凹模采用球墨铸铁 QT600-3 制造,碳氮共渗后,凹模表面硬度为 760~850 HV,因为有石墨并存,所以既有良好的耐磨性,又有良好的润滑和减摩擦作用,可使模具的黏着磨损减少到最低程度,从而可大大提高模具使用寿命。

4) 渗硼

渗硼是指将工件置于含硼的介质中,经过加热和保温,在工件表面渗入硼元素,形成 FeB 和 Fe_2B 化和层的化学热处理工艺。渗硼层具有极高的表面硬度(1 500~2 000 HV)、耐磨性(远高于其他表面硬化层)、热硬性(900~950 ℃)以及在盐酸、硫酸及碱中的高耐蚀性。

渗硼温度在 900~1 050 ℃,之后需要进行淬火,以提高模具心部强度,避免渗层在使用过程中压碎剥落。渗硼是模具制造行业常用的一种高温化学热处理工艺,适用于钢、铸铁及硬质合金等材料,在冷、热作模具上效果很好。采用中碳钢渗硼取代价格昂贵的高合金钢制造模具,也可以明显地提高经济效益。模具渗硼的缺点是渗层脆性高,淬火时易产生裂纹,因此,最好是渗硼温度与钢的淬火温度接近,渗硼与淬火相结合进行。渗硼钢的硬度、耐磨性、耐热性和耐蚀性均高于渗碳钢和渗氮钢,是一种提高模具寿命的有效方法。由于渗硼层脆性大、较薄,因此,渗硼不适用于承载大的冲击、承受接触疲劳及形状复杂、尺寸精度要求高的工件。

常用的渗硼工艺有固体渗硼、盐浴渗硼、气体渗硼和电解渗硼等,其中,气体渗硼和电解渗硼在工业上较少使用。固体渗硼的处理温度为 800~950 ℃,保温时间为 2~6 h,优点是设备简单、操作方便、工件表面易清洗,应用较为广泛。盐浴渗硼的处理温度一般为950~1 000 ℃,时间一般不超过 6 h,否则渗层变脆。设备较简单,操作也方便,但不易清洗,故不宜用于带小孔、不通孔的模具。

5) TD 处理法

TD 处理法是指将含有碳元素的被处理工件浸入高温盐浴(如硼砂浴)中,碳元素和加在盐浴中的金属元素钒、铌、铬等形成碳化物层,并覆盖在被处理工件表面。如图 2-8 所示为 TD 处理法用盐浴炉示意图,有直接加热和间接加热两种。将放入耐热钢坩埚的硼砂熔融后,若欲镀覆某种碳化物,可向硼砂浴中相应添加能形成该种碳化物的物质,如镀覆 VC 薄膜,则在硼砂浴中加入 Fe-V 合金粉末或 V_2O_5 金属氧化物合金粉末;镀覆 NbC 则在硼砂浴中加入 Fe-Nb,Nb_2O_5 合金粉末或金属氧化物粉末。

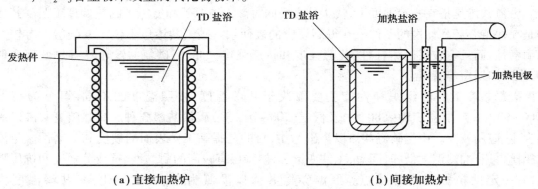

(a) 直接加热炉　　　　　　　　　　(b) 间接加热炉

图 2-8　TD 处理法用盐浴炉示意图

熔盐浸镀的金属碳化物层具有极高的硬度,如 VC 的硬度约为 3 000 HV,NbC 的硬度约为2 500 HV,在 800 ℃ 温度下也能保持硬度在 800 HV 以上,并且它们的摩擦系数较小,因此,其耐磨性明显高于渗氮、渗硼等表面处理,与硬质合金的耐磨性相比,甚至更好。碳化物层的热稳定性高,抗热黏结和抗咬合性能优良,还有良好的耐蚀性,能抵抗 Al,Zn 合金液的侵蚀。经熔盐浸镀法处理得到的碳化物层并不降低材料的韧性,反而有良好的抗剥落性。

TD 处理法设备简单,操作方便,成本低,且形成碳化物覆盖、层均匀,不受模具形状的影响;处理后,表面粗糙度不降低,熔盐的使用寿命长,覆层磨损后即可重新处理,使用材料广泛,并且能通过淬火使基体强化。

(1)盐浴渗钒

盐浴渗钒是指在中、高碳钢或合金钢模具表面被覆碳化钒层的过程,主要目的是提高模具的耐磨性和抗黏着性能。模具渗钒温度为 850~1 200 ℃,渗钒时间为 2~6 h,渗钒碳化物层厚 4~16 μm。盐浴渗钒可用于冲裁模、弯曲挤压拉深冷镦模等各种冷作模具,使用寿命与渗氮处理的模具相比,可提高几倍至几十倍。

冷镦 M20 六角螺母用的凹模,经渗钒后使用寿命为 15 万件,比常规热处理的模具使用寿命提高 9 倍,比盐浴渗硼的寿命高 0.5 倍,且无剥落和起皮现象发生。拉延汽车发动机油粗过滤器外壳的凹模,用 Cr12MoV 钢制造,采用 1 050 ℃油淬,520 ℃回火 3 次,寿命为 20~30 件,采用盐浴渗钒处理后,寿命至少在 130 件以上,未出现拉毛现象。

(2)盐浴渗铌

模具在沙硼盐浴中渗铌后,表面获得很高的硬度。主要目的是提高模具的抗磨损性、抗咬合性、耐氧化性和抗热疲劳性能。模具渗铌温度一般在 900~1 050 ℃为宜,渗铌的保温时间,根据不同的材料和深层厚度要求,一般为 4~10 h。盐浴渗铌主要用于冲模、成形模、粉末冶金成形模等模具,可以使模具寿命提高几倍至几十倍。例如,Cr12 钢制冷冲模具盐浴渗铌后,寿命比常规处理提高 5~10 倍以上。

(3)盐浴渗铬

中、高碳钢或中、高碳合金钢模具渗铬后,表面可形成厚度为 0.01~0.04 mm 的铬碳化物层,其硬度为 1 300~1 800 HV,具有良好的耐蚀性、耐磨性、耐热疲劳性和抗氧化性。盐浴渗铬温度为 950~1 050 ℃,保温时间为 4~6 h。

盐浴渗铬对在高温下工作或承受磨损的模具有显著效果,适用于锤锻模、压铸模、塑料模、拉深模等冷、热作模具。例如,用 H13 钢制造铝型材热挤压模,经盐浴渗铬后,在表面形成 5~6 μm 的铬碳化物层,与渗氮后相比,模具寿命提高 50%以上,铝型材表面的粗糙度也比渗氮的低。T8A 钢制罩壳拉深模,经常规处理后,每拉深 100~200 件需要修模一次,总寿命为 1 500件,经盐浴渗铬处理后,可拉深 1 000 件以上再修模,总寿命可达 10 000 万件。

任务二 表面合金化技术

知识点一 电子束表面合金化

电子束就是高能电子流,是用电流加热电子枪中的阴极灯丝产生的。当负电荷的电子束高速飞向高电位的正极过程中,经过加速极加速又通过电磁透镜聚焦及二次聚焦,使其能量密度非常集中。

电子束表面合金化是将合金粉末加热熔化涂覆在工件表面上的一种处理工艺。根据需要,选择不同的合金粉末,可以使工件表面获得高耐磨性/耐蚀性和耐热性能。

知识点二　激光高能束处理

利用高功率、高密度激光束对金属进行表面处理的方法称为激光高能束处理。

1）激光表面合金化（LSA）

激光表面合金化是以激光作为热源，在模具表面涂上合金粉，以足够功率及适当扫描速度，使工件表面温度上升到熔点，使合金粉与工件表面共熔，形成合金熔化层。通过激光表面合金化，可在工件表层获得新的合金，高过饱和的非平衡相或亚稳相，同时使晶粒细化，获得具有高耐蚀性、耐磨性及其他特殊性能的表层。

可根据对模具的耐磨性、耐蚀性、耐热性和抗氧化性等要求，配置适当的表面合金化成分进行表面合金化。例如，45 钢表面用硼合金化后，可获得 1 950~2 100 HV 的高硬度。铝硅合金经激光 Ni，Cr 合金化后，硬度达 140~190 HV，其磨损试验耐磨性比原铝硅合金提高 2~4 倍。

2）激光表面熔覆（LSC）

激光表面熔覆是利用大功率密度激光快速扫描加热材料表面使其熔化，在激光停止加热后，再借助基体的热传导作用，使液态金属快速熔覆到基体表面，使零件具有所需要的使用性能的技术。如图 2-9 所示为同步送粉的激光表面熔覆示意图，利用激光扫描，将扫描同步送入的覆层材料粉末熔化，使基体表面薄层熔化，在基体表面形成与基体金属冶金结合良好的表面覆层的加工过程。

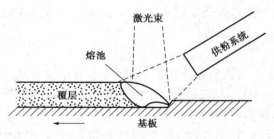

图 2-9　激光表面熔覆示意图

激光表面熔覆在现在提高模具材料表面硬度的同时，还能保持心部较好的塑性和韧性，使模具材料表面具有良好的综合性能。

H13 模具钢具有高的淬透性和淬硬性，主要用于制造压铸模、挤压模、锻模和塑料模具，淬火、回火后的组织为回火索氏体。经激光表面熔覆处理后，熔覆层中含有普通热处理难以获得的大量 Cr_7C_3，$Cr_{23}C_6$ 和 Mo_2C 碳化物，这些碳化物的弥散强化及快速熔覆固溶强化作用对提高模具的耐磨性非常有利。

Cr12MoV 及 W18Cr4V 等模具钢经激光表面熔覆处理后，在使用过程中，熔覆层中存在的大量残留奥氏体在应力的诱发下发生马氏体转变，产生加工硬化，可使材料的表面硬度提高，耐磨性增强。

知识点三　离子束注入合金化

离子束注入合金化是将某种合金元素的原子电离成离子后，使其在几十至几百千伏的电压下进行加速，获得较高速度后注入放在真空靶室中的金属材料表层，以形成极薄的近表面合金层,从而改变金属表面的物理或化学性质的技术。

如图 2-10 所示为离子注入装置示意图,将需要注入元素的原子在加速器的离子源中电离成离子,再在几万伏高压下,离子被引出进入磁分析仪进行筛选,获得所需要的高纯度离子。提纯后的离子束再用加速系统加速到所需能量,通过扫描机器强行打入置于靶室中的工件表面,整个注入系统处于 1.33×10^{-3} Pa 的真空中,以保证离子束在规定的路线运动时不与其他元素的原子发生碰撞。

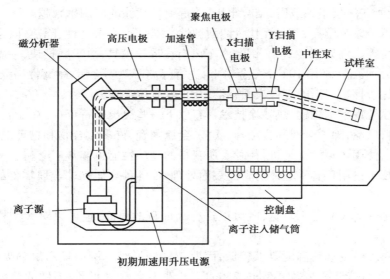

图 2-10 离子注入装置示意图

离子注入深度一般在 1 μm 以下,在近表面层中注入的金属以高过饱和固溶体、亚稳相、非晶态组织和平衡合金等结构形式存在。离子注入金属后可提高其表面硬度及改善其耐磨性、耐蚀性及抗疲劳性能。离子注入在高真空及低温下进行,故不会引起模具变形,不影响表面质量,还可以精确控制注入离子的浓度、浓度分布及注入深度。离子束注入合金化技术可用于冲裁模、拉丝模、挤压模、拉深模和塑料模等,特别适用与精密模具和形状复杂的模具以及零件的表面强化。例如,钢线拉丝模、铜线拉丝模和冲模经离子束注入氮元素后,使用寿命分别提高了 3 倍、5 倍和 2 倍。

任务三　表面覆层覆膜技术

知识点一　热喷涂

热喷涂技术可利用某种热源(电弧、离子弧或燃烧的火焰等),将要喷涂的材料加热至熔化或半熔化的雾状微粒,然后借助高速气流将其雾化成极细的颗粒,再从喷嘴高速喷射在经过预先处理的工件表面上,形成附着牢固的涂层。

热喷涂技术一般按照喷涂热源的种类、喷涂材料、喷涂结合方式和喷涂功能等进行分类。按热源的种类,热喷涂可分为火焰喷涂、电弧喷涂、等离子喷涂和激光喷涂 4 种基本方法,在生产中应用较多的主要是等离子喷涂和高速火焰喷涂。

高速火焰喷涂是利用燃气(乙炔、丙烷或天然气等)及助燃气体(氧)混合燃烧作为热源,将喷涂材料加热到熔融或软化状态,然后依靠气体或火焰加速喷射到经预处理的基体表面形成涂层的方法。

等离子喷涂是以氮气或惰性气体等作为工作介质,使其在专用的喷枪内发生电离形成热等离子,再以等离子弧作为热源,将粉末状涂层材料加热到熔融、雾化,并以高速喷射到经过预处理的工件表面而形成附着牢固的涂层的方法。由于整个工艺集熔化、雾化、快淬、固结等过程为一体,且所获涂层组织致密,结合牢固,故等离子喷涂的应用越来越广泛。

热喷涂可用于改善模具表面的耐磨性、耐蚀性、耐热性、耐振动性、隔热性、密封性和有润滑条件的减摩性等。例如,Cr12MoV钢制汽车风扇皮带轮模具,由于磨损快,一副模具只能生产4 000~5 000个零件,采用102铁合金粉末,进行等离子热喷涂后,耐磨性增强,模具使用寿命提高10倍以上,且生产出的零件表面光洁,几乎没有拉毛现象。

与其他表面处理技术相比,热喷涂技术具有以下一些突出的特点:

①喷涂材料广泛,除了金属和合金外,陶瓷、金属陶瓷、许多化合物和物理混合物,甚至有机树脂等都可以使用热喷涂工艺进行喷涂,所获得的涂层性能也非常广泛。

②热喷涂技术适用于各种基体材料的表面处理,如各种金属和非金属零件的表面都可以进行热喷涂。

③被喷涂零件的尺寸范围较宽,既可以进行大面积的喷涂,也可以对大型构件进行局部喷涂。

④热喷涂对工件的加热温度要求较低,因此工件变形小。例如氧乙炔焰喷涂、等离子喷涂或爆炸喷涂,工件受热程度均不超过250 ℃,工件不会发生变形,工件的金相组织也不会改变。

⑤热喷涂技术可以赋予普通材料以特殊的表面性能。例如,可以把韧性好的金属材料与塑料或硬脆的陶瓷材料相复合,形成表面复合材料。

⑥热喷涂技术操作简单、速度快、生产率高、成本低、经济效益显著。

知识点二　热浸镀

热浸镀简称热镀,是将工件经过表面预处理后,浸入远比工件熔点低的、与工件材料不同的熔融金属或合金中,在工件表面发生一系列物理和化学反应,取出冷却后,在表面形成所需的合金镀层。

热浸镀层金属常采用低熔点金属及其合金,一般为锡、锌、铝、铅及其合金。基体材料一般为钢、铸铁及不锈钢等。热浸镀工艺包括表面预处理、热浸镀和后处理3个部分。热浸镀前工件需要进行表面预处理,清除表面的油污和氧化皮,热浸镀后还需后处理,进行化学处理、涂油或必要的整形。热浸镀的主要目的是提高工件的防护能力,延长使用寿命。

根据热浸镀工件前处理方法的不同,热浸镀工艺分为熔剂法和氢还原法两大类。熔剂法多用于钢丝及钢结构的镀层,该法是在钢件浸入镀锅之前,先在经过净化钢件表面涂一层熔剂,在浸镀时,此熔剂层受热分解或挥发,使钢表面外露与熔融金属直接接触,发生反应和扩散而形成镀层。熔剂法中,熔剂处理有两种方法:湿法(又称为熔融熔剂法)和干法(又称为烘干熔剂法)。湿法是将净化的钢材浸涂水熔剂后,不经烘干直接浸入熔融金属中热镀,但需在熔融的金属表面覆盖一层熔融的熔剂。干法是在浸涂水熔剂后经烘干,除去其中的水分,然后再浸镀。氢还原法多用于带钢的连续热镀层,这种方法的实质上表面氧化皮及铁锈不用酸洗,而是在还原气体气氛(H_2和N_2)中被还原成铁,然后进行热镀,由于干法工艺简单,镀层质量好,目前大多数钢结构的热镀锌生产均用干法。

热浸镀的覆盖层较厚,镀层分层,在基体金属与镀层金属之间有合金层形成,靠近工件的内层,成分接近工件;镀层表面的成分含镀层金属最多;内外层之间的中间层是合金层。与电镀法相比,热浸镀能获得较厚的镀层,在相同的腐蚀环境中,热浸镀层的使用寿命较长。但浸镀层厚度和均匀性不易控制,外观也不如电镀层好。

1) 热浸镀锡

热浸镀锡的原理是在 300 ℃ 时,铁与锡相互反应生成 $FeSn_2$,在热浸镀时,经过前处理的钢板进入含有氯化铵及氯化锌的溶剂层,形成铁锡合金。

热浸镀锡涂层具有良好的抗腐蚀性能,有一定的强度和硬度,成型性能好又易焊接、锡层无毒无味、耐有机酸腐蚀、表层光亮且不易变色。在热浸镀锡中添加 1%~2% 金属铋,有利于提高镀锡层的抗腐蚀性和镀层硬度,并降低锡的熔点。

2) 热浸镀锌

热浸镀锌的原理是当经过熔剂处理的工件浸入熔融锌槽时,工件表面的熔剂离开基体,固体铁溶解于熔锌中,铁基体与熔融锌反应生成铁锌化合物,在铁锌合金层上形成纯锌层。

在热浸镀锌过程中,熔融锌可以充分浸入经过良好处理的基体表面,形成铁锌合金层,覆盖整个工件表面,且合金层有一定韧性、硬度,可耐较大摩擦和冲击,与基体结合良好。镀锌层出锅后在空气中冷却时会生成氧化锌膜,当氧化控制适当,膜厚度适中时,这层致密氧化薄膜比锌层钝化后在大气、水及混凝土中的耐蚀性更好,但这种处理方法难以实现。工业上提高镀锌层的耐蚀性方法是铬酸盐钝化处理法和磷化处理法,这样可以改善镀锌层表面的结构成分,提高镀锌层的耐蚀性和使用寿命。

3) 热镀铝

当液态铝与固态铁接触时,发生铁原子溶解和铝原子的化学吸附,形成铁铝化合物以及铁、铝原子的扩散过程和合金层的生长。所形成的镀铝层由两部分构成:靠近基体的铁铝合金层和外部的纯铝层。

钢材热浸镀铝后,耐热氧化性大大提高。例如碳钢件,不镀铝最高使用温度为 550 ℃,镀铝后可耐 1 000 ℃ 而不氧化。热镀铝层还有良好的耐蚀性,特别耐含有 SO_2,NO_2,CO_2 等工业大气腐蚀性。热镀铝层对光、热有良好的反射性,因为镀铝层表面的致密有光泽的 Al_2O_3 膜,使其在经暴晒后也能保持很高的反射率。

知识点三　电镀、电刷镀、化学镀

1) 电镀

电镀的基本原理是使用电化学方法在金属或非金属制品表面沉积金属或合金层。如图 2-11 所示为电镀装置示意图,电镀时,将被镀的工件和直流电源的阴极相连,要镀覆的金属和直流电源的阳极相连,并放在盛有电镀液的镀槽中,当电源与镀槽接通时,在阴极上沉积欲镀的金属层。

工件经过电镀后,外观有明显改善,还具有较高的表面耐蚀性、耐磨性和耐热性。在模具上应用较多的是镀硬铬,其镀层硬度高达 900~1 200 HV,耐磨性好、耐蚀性好,且镀层光泽,

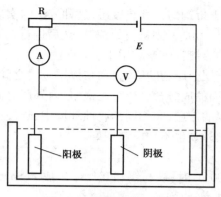

图 2-11 电镀装置示意图

不黏附。镀铬层一般为 0.03~0.3 mm, 如果镀层过厚, 在模具承受强压或冲击时, 镀层易剥落, 效果反而不好, 因此, 镀硬铬不适宜冷冲模和冷镦模, 只适合于加工应力较小的拉深模、塑料模等。例如, 锌基合金注射模, 未镀铬时, 模具生产产品 10 000 件, 表面划伤严重。在其表面镀一层硬铬后, 其表面得到强化, 在几十万次内无明显划痕, 模具寿命大大提高。

随着电镀技术的发展, 现已出现了合金电镀、复合电镀等技术。合金电镀是在一个镀槽中, 同时沉积含有两种或两种以上的金属元素的镀层; 复合电镀则是将金属与悬浮在电镀液中固体微粒同时沉积到工件表面形成复合镀层的方法。例如, 把金刚石粉和金属一起镀到工件表面, 可以获得极为耐磨的复合镀层, 通过复合电镀还可以得到耐蚀性镀层、耐热性镀层等, 这些电镀方法也在模具上应用。

2) 电刷镀

电刷镀是依靠一个与阳极接触的垫或刷提供电镀所需的电解液的方法。其原理与电镀原理相同, 只是施镀方式不一样。如图 2-12 所示为电刷镀原理示意图。

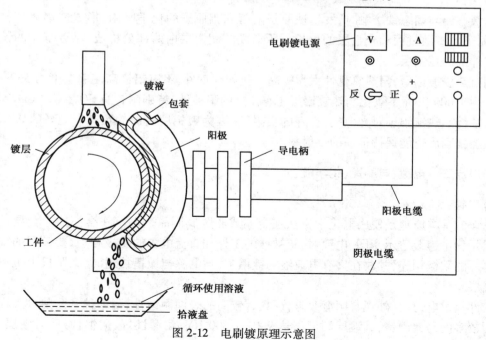

图 2-12 电刷镀原理示意图

与电镀相比,电刷镀最大的优点是镀层质量和性能良好,沉积速度快,镀层结合牢固,工艺简单,易于操作,且不受模具形状和大小的限制,凡是镀笔能触及的地方均可施镀。电刷镀使用范围很广,一套电刷镀设备可以采用多种镀液,刷镀各种单一金属镀层、合金镀层、复合镀层,以满足不同的需求。

电刷镀主要用于模具工作表面的修复、强化和改性。例如,塑料盒注射模,材料为灰铸铁,模具质量 1.3 t,由于模腔表面硬度低,磨损严重,采用电刷镀技术对模具型腔表面进行刷镀碱铜作为过渡层,再电刷镀镍钴合金作为工作表面,使模腔表面硬度由 23 HRC 提高到 40 HRC,表面粗糙度 Ra 值由 6.3 μm 降到 0.8 μm,耐磨性提高了两倍。

3) 化学镀

化学镀是将工件置于镀液中,镀液中的金属离子通过获得由镀液中的化学反应而产生的电子,在工件表面上还原沉积而形成镀层。化学镀可获得单一金属镀层、合金镀层、复合镀层和非晶态镀层。与电镀和电刷镀相比,化学镀的优点是:均镀能力好,具有良好的仿型性(即可在形状复杂的表面上产生均匀厚度的镀层);沉积厚度可控,镀层致密与基体结合良好;设备简单,操作方便。复杂形状模具的化学镀,还可以避免常规热处理引起的变形。

化学镀已在多种模具上得到应用。例如,Cr12MoV 钢制拉深模,经化学镀 Ni-P 处理后镀层硬度为 60~64 HRC,具有良好的耐磨性和较低的摩擦系数,使用寿命从 2 万次提高到 9 万次。3Cr2W8V 钢制热作模具,经过 4 h 化学镀 Co-P,可获得 12 μm 的镀层,再经过 450 ℃,1 h 的热处理,模具表面光亮,镀层与基体结合牢固,具有较高的硬度和良好的抗热疲劳性能。

知识点四　气相沉积

气相沉积是一种利用气态物质中发生的物理变化和化学反应,在模具表面形成具有某种特殊性能的金属或化合物涂层的一种新技术,其是一种表面改性技术。根据沉积过程的原理,气相沉积分为化学气相沉积(CVD)和物理气相沉积(PVD)两大类。

气相沉积技术已广泛用于各类模具的表面硬化处理,应用的主要沉积层有 TiC,TiN,TiCN。TiC,TiN 涂层具有以下特点:

①涂层具有很高的硬度(TiC:2 980~3 800 HV,TiN:2 500~3 000 HV),低的摩擦系数和自润滑性能,抗磨性能良好。

②涂层具有很高的熔点(TiC:3 800 ℃,TiN:2 930 ℃),化学稳定性好,难以与其他金属反应"黏着",具有很好的抗黏着磨损能力。

③涂层具有较强的抗蚀能力,能抵抗硫酸、盐酸、氯化钠水溶液的侵蚀,在某些情况下甚至优于 1Cr18Ni9Ti 不锈钢,而 TiN 的抗蚀能力一般比 TiC 的抗蚀能力更好一些。

④涂层在高温下也具有良好的抗大气氧化能力(TiC:约 400 ℃,TiN:约 500 ℃)。

1) 化学气相沉积法(CVD)

CVD 是将低温下气化的金属化合物与加热到高温的工件接触,在工件表面与碳氢化合物和氢气或氮气进行气相反应而生成金属或化合物沉积层的过程。CVD 可以用来沉积各种金属和碳化物、氮化物、氧化物、硅化物、硼化物等。

如图 2-13 所示为化学气相沉积装置示意图,先将经过一定预处理的模具放入 CVD 设备的反应室中,用机械泵将反应室抽成真空,电炉丝将反应室内温度加热至 900~1 200 ℃。另将液态 TiCl4 低温加热汽化,并与 H2,CH4 以一定的流量比混合,通过进气系统送进反应室,

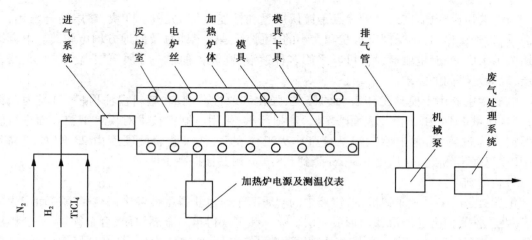

图 2-13　化学气相沉积装置示意图

在炽热的模具表面发生化学反应,生成的 TiC 或 TiN 会牢固地沉积在模具表面。反应后的废气经处理系统排出。为了防止发生爆炸事故,在反应室内,沉积过程结束后至下一次开启前要充入氩气。为了去除气体中的有害成分,如氧、水分等,管路中还应配备必要的干燥净化装置。

化学气相沉积具有以下特点:

①可以在大气压或低于大气压下进行沉积。

②一般在 850~1 100 ℃温度下进行,沉积结合力高。

③容易控制沉积层的致密度和纯度,也可以获得梯度的沉积层或混合沉积层。

④通过调节工艺参数,可控制沉积层的化学成分、形态、晶体结构等。

⑤可获得多种金属、合金或化合物沉积层。

⑥设备简单、操作方便,适于处理大批量的小工件,且不受工件形状限制。

⑦由于沉积温度较高,工件会产生较大的内应力和畸变,且会降低基材的组织和性能,削弱涂层和基体的结合力。

目前,化学气相沉积主要适用于硬质合金、高速钢、高碳高铬钢、不锈钢等材料制造的模具。

为了扩大化学气相沉积的应用范围,减小工件变形,简化后续热处理工艺,必须采取降低沉积温度的方法,为此开发了新的 CVD 处理工艺,如金属有机化合物化学气相沉积,采用化学结合力较弱的有机金属化合物作为反应气体,可实现中温(700~900 ℃)沉积 TiCN 涂层;等离子体化学气相沉积(PCVD),可将沉积温度将至 500~600 ℃,并具有良好的绕镀性,更适合模具零件的表面处理。

2)物理气相沉积法(PVD)

PVD 是将金属、合金或化合物放在真空室中蒸发(或溅射),使这些气相原子或分子在一定条件下沉积在工件表面上的工艺。PVD 法一般涂覆 TiN 涂层较多,此外还有 TiC,TiCN,TiAlN,CrN 和 W2C 等涂层,层深 5 μm 左右,不影响模具精度。

物理气相沉积具有以下特点:

①真空蒸发或阴极溅射的原子或分子具有较高能量,有利于获得致密性及结合性能良好的沉积层。

②由于沉积温度较低(一般不超过600℃),工件变形小,不会产生退火软化,高速钢、模具钢和不锈钢沉积后通常无须再进行热处理。

③依靠离子溅射效应,可使工件在整个沉积过程中保持表面净化。

④在金属陶瓷、玻璃、塑料等材料表面均可沉积。

⑤无公害,设备较复杂,沉积速度慢。

目前,主要有3种物理气相沉积方法,即真空蒸镀、阴极溅射和离子镀,其中以离子镀在模具制造有较广的应用。

(1)真空蒸镀

真空蒸镀是指在真空中利用高温使金属、合金或化合物蒸发,再使蒸发原子或分子直接凝聚在工件表面形成沉积层的方法。如图2-14所示为真空蒸镀原理示意图,在高真空槽中,加热蒸发源,使其原子或分子从表面汽化逸出,形成蒸气流,以凝聚形式沉积在基体表面,形成固态薄膜。

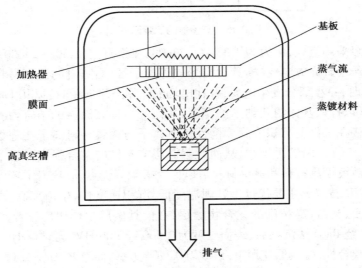

图2-14　真空蒸镀原理示意图

真空蒸镀的主要缺点是镀层疏松,且与基体结合力差,不耐磨;镀层有方向性。

(2)阴极溅射

阴极溅射是指在真空条件下,利用离子源产生的荷能粒子轰击某一用沉积材料做的阴极靶材,使其原子或分子以一定能量逸出,并通过气相沉积在工件表面沉积成膜的工艺。工作时,在真空室中通入压力为13.2~2.66 Pa的氩气作为工作气体,将沉积材料靶接至几百至几千伏的负高压,在电场的作用下,氩气电离后产生的氩离子轰击阴极靶面,溅出的靶材原子或分子以一定的速度落在工件表面形成沉积,并使工件受热。阴极溅射时工件的温度可达500℃。

阴极溅射的靶材可以是任何类型的导电材料,包括各种金属和金属化合物,如碳化物、氯化物和氧化物等。由于溅出的材料原子或分子具有较高的动能,因此,形成的沉积层和基体有较好的强结合力。

阴极溅射涂层均匀,但沉积速率低,不适于沉积 10 μm 以上厚度的涂层。

(3)离子镀

离子镀是利用惰性气体的辉光放电现象,使金属或合金蒸气离子化,离子经电场加速而在带负电荷的工件表面沉积成膜的过程。如图 2-15 所示为离子镀的原理示意图。

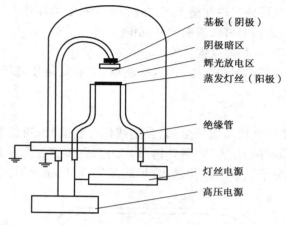

图 2-15　离子镀的原理示意图

惰性气体一般采用氩气,压力为 1.33~0.133 Pa,在模具上加 500~2 000 V 的负压,使蒸气源与模具之间产生辉光放电,在模具周围形成等离子区,当蒸发的镀膜材料原子在通过辉光区(等离子区)时,一小部分发生电离,并在电场的作用下飞向模具,以几千电子伏的能量射到工件表面上,可以打入基体约几纳米的深度,从而大大提高涂层的结合力。而未经电离的蒸发材料原子直接在工件上沉积成膜。惰性气体离子与镀膜材料离子在基板表面上发生的溅射,还可以清除工件表面的污染物,从而改善镀层与基体的结合强度。离子镀具有结合力强、均镀能力好、被镀模具材料和镀层材料可以广泛搭配等优点,故获得了较为广泛的应用。

综上所述,PVD 技术的主要优点是处理温度低、沉积速度快、生产率高,可以在各种模具材料表面沉积致密、光滑、高精度的化合物镀层,在模具生产中使用广泛。例如,Crl2MoN 钢制造油开关冲模,经 PVD 法沉积后,表面硬度为 2 500~3 000 HV,同时减小了摩擦系数,改善了抗黏着性和抗咬合性,模具原使用 1 万~3 万次即要刃磨,而经 PVD 法处理后,使用 10 万次都不需要刃磨,且尺寸无变化,仍可使用。又如,对用于冲压和挤压黏性材料冷作模具,采用 PVD 法处理后,其使用寿命大为提高。

思考与练习

1. 模具表面处理的目的是什么?模具表面处理常用的方法有哪些?
2. 解释下列技术术语:化学热处理、渗碳、渗氮、碳氮共渗、热喷涂、气相沉积。
3. 什么叫软氮化?它有什么特点?
4. 气相沉积有哪些方法?

项目三

热作模具材料及热处理

热作模具是指主要用于热变形加工和压力铸造的模具。其工作特点是在再结晶温度以上使金属材料产生一定的塑性变形,或者将高温的液态金属铸造成形,从而获得各种所需形状的零件或精密毛坯。

任务一 热作模具的失效形式与材料的性能要求

知识点一 热作模具的失效形式

根据工作条件,热作模具可分为热锻模、热挤压模、压铸模和热冲裁模等。热锻模的工作温度为 $300\sim400\ ℃$,热挤压模的工作温度为 $500\sim800\ ℃$,压铸模在压铸黑色金属时工作温度可达 $1\ 000\ ℃$ 以上。因此,热作模具在工作中既有力的作用又有温度的作用,从而使模具的工作条件复杂化,对模具材料的失效分析也更加重要。

热作模具的失效形式一般有热磨损、塌陷、热疲劳龟裂、裂纹和断裂等。

(1)热磨损失效

热磨损失效是指模具工作部位与被加工材料之间相对运动摩擦损耗而引起的模具尺寸超差和表面磨损失效。热磨损主要是由于材料的热强性不够而造成的一种失效形式。它是目前国产模具的主要失效形式,其中尤以各类抗压力模具和小型锤锻模具更为突出。

(2)塌陷失效

塌陷失效是指模具材料红硬性不足,工作温度下的屈服强度低,每次锤过后产生微量塑性变形积累造成的模具失效形式。堆塌是热锻模仅次于热磨损失效的另一种失效形式,一般锻造厂的大吨位锤锻模的大齿轮锻模和曲轴锻模,失效形式都是以堆塌为主。

(3)热疲劳龟裂失效

热疲劳龟裂失效是指在热锻模型腔上产生的表面网状裂纹。它是由于模具的热疲劳性不足引起的一种失效形式。据研究热疲劳裂纹性能的结果可知:模具材料的导热性降低,热裂敏感性增大。一般导热性随含碳量和合金元素含量的增加而降低(但钴除外)。

同一材料硬度高比硬度低更易形成热疲劳裂纹。硬度低的组织除了和热传导较好有关外，还和韧性好坏有关，韧性好裂纹发展速率低，抗热疲劳性能好。裂纹多在型腔和锤锻模燕尾的应力集中的圆角处发生发展，型腔裂纹发展较深，降低总寿命，严重时引起锻模开裂甚至失效。

（4）断裂失效

断裂失效是指材料本身承载能力不足以抵抗工作载荷而出现失稳态下的材料开裂，包括脆性断裂、韧性断裂、疲劳断裂和腐蚀断裂。热作模具断裂与工作载荷过大、选材和材料处理不当及应力集中等有关。挤压冲头及模具凸起部位根部易出现断裂失效。最严重的断裂失效形式是在工作过程中突然开裂。

热作模具的失效形式十分复杂，一个模具的失效往往伴随着一种或多种失效形式。根据热作模具实际使用的具体情况来分析和确定它的失效形式，采取有效的修复措施，提高模具的使用寿命。

知识点二　热作模具材料的使用性能要求

各种热作模具在工作过程中差异很大，它们的工作温度、载荷性质千差万别，而且任何一种模具不可能同时具有极高的热强性、耐磨性、断裂抗力、抗热疲劳性能等。在选择模具钢时，只能抓住模具最关键的性能要求，进行优先保证，再兼顾其他各项性能进行选材。

1）评价热作模具的技术指标

①室温硬度、高温硬度：用以评价耐磨性和变形抗力。

②室温拉伸强度、高温拉伸强度：用以评价静载断裂抗力。

③室温冲击韧性、高温冲击韧性：用以评价冲击断裂抗力。

④长期保温后的硬度变化：用以评价抗回火能力及热稳定性。

2）热作模具材料的基本特性

为满足热作模具的使用要求，热作模具材料应具备下列基本特性：

（1）机械疲劳裂纹扩展速率

机械疲劳裂纹扩展速率可反映热疲劳裂纹萌生后，在锻压力的作用下向内部扩展时，每一应力循环的扩展量。机械疲劳裂纹扩展速率小的材料，每锻压一次裂纹的扩展量也少，表明裂纹扩展得很慢。

（2）断裂韧性

断裂韧性反映材料对已存在的裂纹发生失稳扩展的抗力。断裂韧性高的材料，其中的裂纹如要发生失稳扩展，必须在裂纹尖端具有足够高的应力强度因子，也就是必须有较大的应力或较大的裂纹长度。在应力恒定的前提下，在一种模具中已经存在一条疲劳裂纹，如果模具材料的断裂韧性值较高，则裂纹必须扩展得更深才能发生失稳扩展。

（3）变形抗力

模具钢的变形抗力反映了模具的抗堆塌能力。为了保证热作模具钢在较高的温度下工作，应保证模具钢具备较高的抗回火能力、热稳定性和高温强度。

（4）断裂抗力

由于热作模具钢的断裂过程是一种疲劳断裂，因此，热作模具钢的断裂抗力包括萌生疲劳裂纹的抗力、疲劳裂纹亚临界扩展的抗力和裂纹失稳扩展的抗力。

萌生疲劳裂纹的抗力与热疲劳抗力关系密切。疲劳裂纹亚临界扩展的抗力可采用裂纹扩展速度 da/dN9(mm/次)表示，它表示每一次应力循环裂纹的扩展长度。裂纹失稳扩展的抗力通过材料的断裂韧性 Kic 表示。

（5）抗热疲劳能力

抗热疲劳能力可以反映热疲劳裂纹萌生前的工作寿命。抗热疲劳能力高的材料，萌生热疲劳裂纹的循环次数较多。抗热疲劳能力决定了在疲劳裂纹萌生前的那部分寿命，可以决定裂纹萌生后，发生亚临界扩展的那部分寿命。抗热疲劳能力可以用萌生热疲劳裂纹的循环数，或者经过一定的热循环后所出现的疲劳裂纹的条数及平均深度（或长度）表示。影响抗热疲劳能力的因素主要有：模具钢的热导率、线（膨）胀系数、屈服强度、抗高温氧化能力、硬度、冶金质量、合金元素以及热处理工艺等。

热作模具应具备高的抗热疲劳能力、低的裂纹扩展速率和高的断裂韧性值，不能仅根据材料的 σ_b 指标来选择钢种和选择热处理工艺，以免出现选用热作模具钢材谬误。

知识点三　热作模具材料的工艺性能要求

热作模具从原材料到制成模具要经过各种冷热加工，一般模具的加工费用占模具成本的一半左右。因此，模具材料工艺性能的好坏，将直接影响模具材料的推广和应用。

（1）锻造成型性

各种热作模具材料在相同的热加工工艺参数下，材料的高温强度越低，伸长率越大，则该钢的锻造变形能力越好，成型性也越好。

（2）淬火工艺性

大部分热作模具工作零件都需要经过淬火工艺性的好坏直接影响模具材料的使用性能和使用寿命。

（3）切削工艺性

在模具的加工费用中，切削加工费用约占加工费用的90%，因此，热作模具钢的切削加工的难易程度将直接影响这种钢的推广。

任务二　热作模具材料及热处理

热作模具是指在高温状态下对金属进行热加工的模具，如热锻模具、热镦模具、热挤压模具、压铸模具和高速成形模具等。热作模具长时间在反复急冷急热的条件下服役，温升在 300~700 ℃，因此，要求模具材料能稳定地保持各种力学性能，特别是热强性能、热疲劳性和韧性。一般选用热导率较高，$\omega_c = 0.3\% \sim 0.6\%$ 的合金钢制造。

按用途不同，可将热作模具材料分为热锻模用钢、热挤压模用钢、压铸模用钢、热冲裁模用钢等;按工作温度不同,可将热作模具材料分为低耐热钢(350~3 700 ℃)、中耐热钢(550~600 ℃)、高耐热钢(580~650 ℃)等。特殊要求的热作模具有时采用高温合金和难熔合金制造。表3-1列出了常用热作模具钢的分类及钢号。

表 3-1　常用热作模具钢的分类及钢号

热作模具材料类型	钢　号
低耐热高韧性热作模具钢	5CrNiMo,5CrMnMo,5NiCrMoV,5Cr2NiMoVSi,4CrMnSiMoV
中耐热韧性热作模具钢	4Cr5MoSiV,4Cr5MoSiV1,4Cr5W2VSi,4Cr5MoWSiV,4Cr3Mo2NiVNbB
高耐热热作模具钢	3Cr2W8V,4Cr3Mo3NiV,5Cr4W5Mo2V,5Cr4W2Mo2SiV, 5Cr4Mo3SiMnVAI,4Cr3Mo3W4VNb,3Cr3Mo3W2V,6Cr4Mo3NiWV
奥氏体型热作模具钢	5Mn15Cr8Ni5Mo3V2,7Mn10Cr8Ni10Mo3V2,Cr14Ni25Mo2V, 4Cr14Ni14W2Mo,7Mn15Cr2AI3V2WMo
高温腐蚀热作模具钢	2Cr9W6,2Cr12WMoVNbB,1Cr17Ni2B,2Cr10MoVNi

知识点一　低耐热高韧性热作模具钢

锻模工作时要承受较大的冲击载荷和工作应力,模具型腔与工件表面产生剧烈摩擦。由于与被加热到高温的工件接触,型腔表面的温度迅速升高,有的达到400 ℃以上,局部甚至达到600 ℃以上。工件脱模以后,型腔表面又受到压缩空气和润滑剂的迅速冷却。因此,要求热锻模材料必须具有一定的高温强度、高温硬度、较高的冲击韧度和抗热疲劳性能。

由于锻模的尺寸一般都比较大,为了使模块能淬透,要求材料具有较高的淬透性。一般选用 ω_c = 0.4%~0.6%的低合金热作模具钢,如5CrNiMo,5CrMnMo,5NiCrMoV,5Cr2NiMoVSi,4CrMnSiMoV 等耐热性不太高,但韧性和淬透性很好的热作模具钢。

1)5CrNiMo 钢

(1)力学性能

5CrNiMo 钢是传统的热锻模钢,从20世纪30年代应用至今。它具有良好的韧性和淬透性,对尺寸效应不敏感。5CrNiMo 钢在400 ℃以下工作可以保持较高的强度,高于400 ℃时强度急剧下降,如温度升高到550 ℃时,屈服点与室温比较下降近一半。

(2)工艺性能

①锻造工艺

市场上供应的钢材存在着纤维组织,钢的直径越大,偏析越严重。锻造时,必须交替镦粗和拔长,并保证有一定的锻造比,以使钢的组织逐步均匀化。锻坯加热温度1 100~1 150 ℃,始锻温度1 050~1 100 ℃,终锻温度800~850 ℃,锻后砂冷或坑冷。

②退火工艺

退火工艺曲线如图3-1所示。

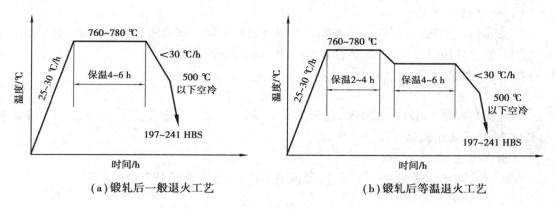

图 3-1　5CrNiMo 钢退火工艺曲线

③淬火、回火工艺

淬火预热温度 600~650 ℃,加热温度 830~860 ℃,油淬。对于大型复杂模具,为了减小淬火应力,避免淬火缺陷的产生,可以采用淬油前预冷或分级淬火。模具从加热炉中取出后,先在空气中预冷到 750~800 ℃,然后再淬入 30~80 ℃ 的油中,直至模具温度降至比 Ms 点稍低的温度时,从油中取出空冷,然后移入回火炉中回火。

淬火后的模具应立即进行回火,回火工艺见表 3-2。模具的燕尾部分由于集中承受冲击载荷,要求比模体部分有更高的冲击韧度,一般要在模具整体回火后,再单独对燕尾部分局部提高温度回火,降低燕尾开裂失效的倾向。

表 3-2　5CrNiMo 钢模具的回火工艺

回火用途	模具类型	回火温度/℃	回火加热设备	硬度 HRC
锻模体回火	小型锻模	490~510	煤气炉或电阻炉	44~47
	中型锻模	520~540		38~42
	大型锻模	560~580		34~37
锻模燕尾回火	中型锻模	620~640	煤气炉或电阻炉	34~37
	小型锻模	640~660		30~35

（3）应用

5CrNiMo 钢是目前国内用量较大的锻模用钢,通用性强。大、中、小型模块,深、浅型槽的模块均可用 5CrNiMo 钢。但此钢的热强性和耐磨性不如高强度热作模具钢,不适宜制造受冲击力较大的中小机锻模,以及热强性或抗热疲劳性能要求很高的热挤压模、热穿孔模及铝、铜压铸模等。由于该钢的淬透性好,更适合于大批量生产的大、中型模块。

2）5CrMnMo 钢

考虑到我国的资源情况,为节约镍而以锰代镍研制而成 5CrMnMo 钢,其性能与 5CrNiMo 钢相似,但淬透性稍差,在高温工作时,其耐热疲劳性能逊于 5CrNiMo 钢。

（1）力学性能

5CrMnMo 钢的强度略高于 5CrNiMo 钢，但淬透性和冲击韧度明显低于 5CrNiMo 钢，并且热处理时的过热倾向较大，在高温下工作时，其抗热疲劳性能也较差。

（2）工艺性能

①锻造工艺

锻坯加热温度 1 100～1 150 ℃，始锻温度 1 050～1 100 ℃，终锻温度 800～850 ℃，锻后砂冷或坑冷，注意防止模具开裂。

②退火工艺

等温退火加热温度 850～870 ℃，等温温度 680 ℃，退火硬度 197～241 HBS。

③淬火、回火工艺

淬火加热温度 840～860 ℃，油中淬火，冷到 150～180 ℃出油并立即回火。为减小淬火畸变开裂的倾向，可采用预冷淬火，先预冷到 740～780 ℃，然后入油淬火。回火工艺见表 3-3。

表 3-3　5CrMnMo 钢的回火工艺

回火用途	模具类型	回火温度/℃	回火加热设备	硬度/HRC
模具工作部分	小型锻模 中型锻模	490～510 520～540	煤气炉或电阻炉	41～47 28～41
模具燕尾部分	中型锻模 小型锻模	620～640 640～660	煤气炉或电阻炉	35～39 34～37

（3）应用

与 5CrNiMo 钢相比，5CrMnMo 钢的淬透性及韧性较低，只适于制造要求较高强度和耐磨性，而韧性要求不甚高的 3 t 锤以下的浅型槽中小型锤锻模，以及部分压力机模块，也可用于工作温度低于 500 ℃的其他小型热作模具。

3）4CrMnSiMoV 钢

4CrMnSiMoV 钢是 5CrMnSiMoV 钢的改进型，是无镍多元合金化热锻模具钢。原钢种的合金元素种类及含量均未变化，仅碳的质量分数降低了 0.1%，其目的在于在保持原有强度水平的基础上提高钢的韧性。该钢具有较高的强度、耐磨性、冲击韧度及断裂韧度，其冲击韧度与 5CrNiMo 钢相当或相近，而高温性能、抗回火稳定性、热疲劳抗力均比 5CrNiMo 好，是 GB1299/T—1985 中的标准钢号。适用于大中型锻模，也可用于中、小型锻模，寿命比 5CrNiMo 模具高。

①锻造工艺

钢坯锻造加热温度 1 100～1 140 ℃，始锻温度 1 050～1 100 ℃，终锻温度≥850 ℃，锻后砂冷或坑冷。

②退火工艺

采用等温退火，加热温度 840～860 ℃，等温温度 700～720 ℃。

③淬火、回火工艺

大型锻模淬火温度 870～900 ℃，中小型锻模淬火温度 900～930 ℃。大型锻模回火温度 620～660 ℃，硬度 38～42 HRC；中型锻模回火温度 610～630 ℃，硬度 41～44 HRC；小型锻模回火温度 470～610 ℃，硬度 44～49 HRC。

4）5NiCrMoV 钢和 5Cr2NiMoV 钢

从 20 世纪 50 年代以来,我国厚度小于 250 mm 的小型模块多采用 5CrMnMo 钢制造,大中型模块,一直用 5CrNiMo 钢制造。与西方国家的相应钢号比较,5CrNiMo 钢的合金元素含量较低,淬透性较差,钢中不含钒,在较高的淬火温度下,晶粒容易粗化,淬硬性较低,热稳定性差,模具寿命较低。

从 20 世纪 80 年代开始,我国研制了类似的钢号 5NiCrMoV,适当提高了 5CrNiMo 钢中 Cr,Ni,Mo 的含量,并加入适量 V。5NiCrMoV 显著提高了钢的淬透性、淬硬性、高温强度、抗回火稳定性和冲击韧度,能够更好地适应大型锻模的要求,因此,推荐将 5NiCrMoV 钢用于大型、复杂重载荷的锤锻模和压力机锻模。

为了适应特大型模块的需要,国外发展了合金含量更高的特大型模块用钢,如 4Ni4Cr2MoV,4Ni4Cr2Mo 等,这些钢的合金元素含量较高,具有更高的淬透性和热稳定性,并且相应地将钢中的碳含量降低到 0.3%~0.4%,使钢的韧性和抗热疲劳性能有所改善。表 3-4 为锻压模块用钢的淬火温度与硬度。

表 3-4　锻压模块用钢的淬火温度与硬度

钢　号	淬火温度/℃	淬火介质	淬火硬度/HRC
5CrNiMo	830~860	油	52~54
5CrMnMo	820~850	油	53~58
5NiCrMoV	830~880	油	53~60
5Cr2NiMoV	960~1 000	油	55~60

近年来,国内外发展了一种适用于锻造模块的沉淀硬化型热作模具钢,其特点是碳含量较低,在淬火和中温回火后即具有很好的韧性和切削加工性,模具在使用过程中,型腔表面被高温锻件加热导致二次硬化,提高型腔表层的耐磨性和热硬性,而模具内层组织不发生变化,仍保持良好的韧性,比较有代表性的钢号有(2Cr3Mo2NiVSi) PH 钢等。

知识点二　中耐热韧性热作模具钢

20 世纪 30 年代中期,随着铝合金压铸工艺的迅速发展,迫切需要一种有较好的耐热性、抗热疲劳性和抵抗液态铝合金冲蚀的新型热作模具钢。美国通过研制开发了一系列中合金铬系热作模具钢,目前应用较广的有 H13(4Cr5MoSiVI),H11(4Cr5MoSiV),H12(4Cr5MoWSiV),4Cr5W2VSi,4Cr3Mo2NiVNbB 等。

我国从 20 世纪 60 年代开始引进这些钢号,用量逐渐扩大,从铝合金压铸模到精密锻造模具、热锻压冲头、热挤压模具、热剪切模具、热轧辊等热作模具,已成为主要的热作模具钢。

1）4Cr5MoSiV 钢

4Cr5MoSiV 钢,简称 H11 钢,是一种空冷硬化型热作模具钢,$\omega_{Cr} = 5\%$,淬透性很好,$\phi150$ mm 以下的钢材空冷即可淬硬。该钢在中温具有较好的热强度、高的韧性和耐磨性,在工作温度下有较好的抗冷热疲劳性能,此外,抗氧化性能好,热处理变形小。

（1）力学性能

与 5CrNiMo 钢相比,H11 钢的热强性和耐磨性都较高,而韧性相似,淬透性较好,是制作锻模的好材料。由于韧性较高,甚至在淬火状态也还有一定的韧性,抗热疲劳性能特别好,因此用它制作高速锤锻模非常理想,有时也用于制作压铸模、挤压模等。

（2）工艺性能

①锻造工艺

H11 钢的碳含量不高,热塑性较好,易于锻造和轧制。当锻制大型锻件时,最好先缓慢加热到 750 ℃,然后迅速加热到锻造温度,以减少氧化和脱碳现象。H11 钢的淬透性好,锻后应采用炉冷或在缓冷坑中冷却,并及时退火处理。

②退火工艺

H11 钢的退火加热温度为 845～900 ℃,保温 4～5 h,然后以 28 ℃/h 的冷却速度冷到 550 ℃出炉,退火硬度为 192～235 HBS,退火组织为粒状和点状珠光体。为减少氧化脱碳,退火最好在可控气氛退火炉中进行。

③淬火、回火工艺

淬火加热温度 1 000～1 020 ℃,油冷淬火或分级淬火均可,淬火硬度为 55～57 HRC。H11 钢的冲击韧度随回火温度的升高而升高,在 200 ℃回火时达到最大值;继续升高回火温度,冲击韧度开始下降;在 500 ℃时,冲击韧度降到最低。因此,模具应避开 500 ℃左右回火,也避免在此温度范围进行化学热处理。

2）4Cr5MoSiVl 钢

4Cr5MoSiV1 钢,即美国钢号 ASTM-H13,是国际上广泛应用的一种空冷硬化热作模具钢。我国于 1976 年将 H13 钢作为推荐钢种列入标准,"八五"期间作为国家重点推广钢种。目前,国内已有多家钢厂生产 H13 钢,甚至还配有炉外精炼设备。

（1）力学性能

H13 钢具有较高的韧性和耐冷热疲劳性能,不容易产生热疲劳裂纹,即使出现热疲劳裂纹既细又短,不容易扩展。H13 钢同时具有较高的热强性,是一种强韧兼备的质优价廉钢种,既可用作热锻模材料,也可用作模腔温升低于 600 ℃的压铸模材料。

与 H11 钢相比,H13 钢的钒含量较高,因此 H13 钢的热强性和热稳定性高于 H11 钢。与 4Cr5W2SiV 钢相比,以钼代钨,性能颇为相似。

（2）工艺性能

①锻造工艺

尽管 H13 钢的碳含量较低,但钢中还有亚稳定共晶碳化物,碳化物偏析有时也较严重,因此要妥善锻造,锻造比要大于 4。

②退火工艺

目前,很多厂家可以直接供应一定尺寸的退火模坯,硬度为 192～229 HBS。型材改锻后要立即进行球化退火。等温球化退火工艺为:（880±10）℃加热,保温 2 h,降温到（750±10）℃,再等温 2～4 h,炉冷到 500 ℃出炉。常规退火工艺为:845～8 800 ℃加热,保温 2～4 h,然后冷到 500 ℃出炉。

③淬火、回火工艺

对于要求热硬性为主的 H13 钢模具,应选 1 050～1 080 ℃加热,油冷淬火后的硬度力 54～57 HRC。对于要求韧性较好的 H13 钢模具,应选 1 020～1 050 ℃加热,抽冷后硬度为 53～56 HRC。

淬火加热应先经两次预热,冷却可采用空冷、油冷,也可采用分级冷却。分级冷却的分级温度最好选择低些,如 350~500 ℃,也有选择在 500~560 ℃ 分级的。H13 钢的回火温度要避开 500 ℃,以高于 500 ℃,低于 650 ℃ 为宜。

3)4Cr3Mo2NiVNbB(HD)钢

随着少切削、无切削新工艺的发展,对模具钢的性能及模具使用寿命提出了更高的要求。如热挤压钢铁材料及铜等非铁金属的热作模具,其工作温度可达 700 ℃ 左右,在这种工作条件下,采用 3Cr2W8V 钢及铬系热作模具钢 H13 等,其耐磨损与冷热疲劳抗力已不能满足上述要求。HD 钢就是为适应 700 ℃ 左右温度工作而研制的新型热作模具钢。

(1)力学性能

HD 钢的室温强度、室温韧性、高温强度、高温韧性都比 3Cr2W8V 钢高。在相同硬度条件下,HD 钢的断裂韧度比 3Cr2W8V 钢高 50%,700℃ 高温短时抗拉强度高 70%,冷热疲劳抗力和热磨损性能分别高出 1 倍和 50%。

(2)工艺性能

①锻造工艺

加热温度 1 100~1 150 ℃,始锻温度 1 000~1 050 ℃,停锻温度≥850 ℃。

②退火工艺

加热温度 850 ℃,保温 4 h,炉冷到 550 ℃ 以下出炉空冷。

③淬火、回火工艺

淬火加热温度 1 130 ℃,回火温度 650~700 ℃,经相同的温度回火后,HD 钢的回火硬度比 3Cr2W8V 钢高,回火温度越高,HD 钢与 3Cr2W8V 的硬度差越大。

(3)应用

HD 钢用于钢质药筒热挤压凸模、铜合金管材挤压模和穿孔针,热挤压轴承环凸模与凹模、气门挤压底模等模具,使用寿命均比 3Cr2W8V 钢制模具高。中耐热韧性热作模具钢的锻造工艺、退火工艺、淬火工艺见表 3-5。

表 3-5 中耐热韧性热作模具钢的锻造工艺、退火工艺、淬火工艺

钢 号	预热温度/℃	始锻温度/℃	终锻温度/℃	退火温度/℃	退火硬度/HBS	淬火温度/℃	淬火硬度/HBS
4Cr5MoSiV	700~800	1070~1150	850~900	880~900	207~229	1020~1050	53~55
4Cr5MoSiV1	700~800	1070~1150	850~900	880~900	207~229	1000~1050	52~54
4Cr5W2VSi	700~800	1070~1150	850~900	880~900	207~229	1020~1050	53~55
4Cr5MoWSiV	700~800	1070~1150	850~900	880~900	207~229	1020~1050	53~55

知识点三 高耐热热作模具钢

3Cr2W8V 是最早用于制造模具的热作模具钢,早在 20 世纪 20 年代即开始用于生产。第二次世界大战时期,钨资源紧张,发展了一系列以钼代钨的钼系和钨钼系热作模具钢。为了使钢具有较好的韧性和抗热疲劳性能,这类钢一般含碳量 $\omega_c = 0.3\%$ 左右。钨系钢中,$\omega_w = 8\% \sim 18\%$;钼系钢中,$\omega_{Mo} = 3\% \sim 9\%$;钨钼系热作模具钢中的钨当量($\omega_w + 2\omega_{Mo}$)一般为 8% ~

18%,另外还添加一些铬和钒,有的还加一些钴。

这类钢由于钨钼含量较高,比前两类热作模具钢在高温下具有较高的强度、硬度和抗回火稳定性,但是其韧性和抗热疲劳性能不及低耐热韧性热作模具钢。常用钢号有 3Cr2W8V,4Cr3Mo3S1V,5Cr4W5Mo2V,5Cr4W2Mo25iV,5Cr4Mo3SiMnVAI,4Cr3Mo3W4VNb,3Cr3Mo3W2V,6Cr4Mo3NiWV 钢等。

1)3Cr2W8V 钢

3Cr2W8V 钢是最早的钨系热作模具钢。由于钨含量较高,当温度大于或等于 600 ℃时,其高温强度、硬度等要高于铬系热作模具钢。

（1）力学性能

3Cr2W8V 钢的主要元素含量正好是 W18Cr4V 离速钢的一半,因此又称为半高速钢。其含有较多的 W,Cr,V 元素,因此淬透性、回火稳定性、热强性都较高。

（2）工艺性能

①锻造工艺性

钢坯加热温度 1 130~1 160 ℃,始锻温度 1 080~1 120 ℃,终锻温度 850~900 ℃,锻后空冷到 700℃后缓冷。

②退火工艺

等温退火温度 840~880 ℃,等温温度 720~740 ℃,退火硬度≤241 HBS。

③淬火、回火工艺

淬火温度 1 050~1 150 ℃,油冷,淬火硬度 50~54 HRC;回火温度 550~650 ℃,回火两次,每次 2 h,回火硬度 40~50 HRC。

（3）应用

由于 3Cr2W8V 钢具有良好的耐热性能,因此,大量用于压力机锻模、热挤压模、镦锻模、剪切刀和压铸模。但 3Cr2W8V 钢的高温冲击韧度和耐热疲劳性能较差,急冷急热条件下因热疲劳失效而影响模具寿命。提高模具强韧性的热处理新工艺如下:

①高淬高回工艺

3Cr2W8V 钢制 40Cr 销轴热锻模,在 160 t 摩擦压力机上锻造。原工艺:1 050~1 100 ℃淬火,600~620 ℃回火,硬度 47~49 HRC,模具寿命 500~2 000 件;改用新工艺:1 150 ℃高温淬火,660~680 ℃高温回火,硬度 39~41 HRC,使用寿命 7 000~10 000 件。

②控制淬硬层淬火工艺

3Cr2W8V 钢制尖嘴钳热压模具,在 1 000~3 000 kN 摩擦压力机上使用。采用常规淬火工艺,硬度 46~48 HRC,模具寿命仅 4 000 件,失效形式为变形或模腔变形塌陷;若采用高温短时间加热,使模具表面和心部得到不同的淬火加热温度,在随后淬火过程中,获得内外不同的组织,经此工艺处理后模具寿命达 32 000 件。

③贝氏体等温淬火工艺

3Cr2W8V 钢制自行车曲柄热成形模,在 3 000 kN 摩擦压力机上使用。按 1 080 ℃油淬,580~610 ℃回火二次工艺处理,硬度 45~48 HRC,平均使用寿命 4 500 件;改用 1 100 ℃加热,340~350 ℃硝盐炉等温淬火,获得马氏体+下贝氏体组织,使模具得到高强度的同时,显著提高了塑性和断裂韧度,模具平均寿命达到 9 000 件,最高达 38 万件。

2)5Cr4W5Mo2V(RM2)钢

RM2钢中,$\omega_C = 0.5\%$ 左右,合金元素钼 ω_{MC}(合金元素的质量分数)= 12%。钢在使用状态有较多的碳化物,其中以 M_6C 为主,因此具有较高的硬度、耐磨性、回火抗力及热稳定性。

(1)力学性能

RM2钢具有较高的回火抗力和热稳定性,在硬度50HRC时的热稳定性可达700 ℃,耐磨损性能好,适于制作小截面热挤模、高速锻模和辊锻模具。

(2)工艺性能

①锻造工艺

加热温度1 170~1 190 ℃,始锻温度1 120~1 150 ℃,终锻温度≥850 ℃。锻后在600~850 ℃区间应快冷,以避免网状碳化物的形成,在600 ℃以下缓冷。

②退火工艺

加热温度870 ℃,等温温度730 ℃,炉冷到500 ℃以下出炉空冷。

③淬火、回火工艺

RM2 1 130 ℃淬火并于不同温度回火后的硬度见表3-6。从表3-6中可以看出,当550 ℃回火时出现二次硬化峰,而700 ℃回火时仍保持40HRC的硬度。

表3-6 5Cr4W5Mo2V 钢的回火硬度(1 130 ℃淬火)

回火温度/℃	淬火态	450	500	550	600	625	650	700
硬度/HRC	59	57.5	57.5	58.5	55	52.5	47	40.5

(3)应用

与3Cr2W8V 钢相比,5Cr4W5Mo2V 钢具有较高的热强性、耐磨性及热稳定性,适于制作小型精锻模、平锻模、压印凸模、热挤压凸模及热四底模、热切边模、辊锻模等。其使用寿命比3Cr2W8V 钢普遍提高2~3 倍,个别模具可提高10~20 倍。

3)5Cr4Mo3SiMnVAI(012AI)钢

012AI 钢是冷、热兼用型模具钢,该钢工艺性能及室温力学性能已在冷作模具有关章节中作了简要介绍,下面主要介绍其高温性能及在热作模具上的应用。

(1)高温力学性能

012AI 钢的热稳定性高于3Cr2W8V 钢,具有更高的热硬性,热疲劳性能也比3Cr2W8V 钢优越得多。表3-7 为012Al 钢的热稳定性。

表3-7 012AI 钢的热稳定性

热处理工艺		硬度/HRC	在下列温度保温,降到40 HRC所需时间/h		
淬火温度/℃	回火工艺		640 ℃	660 ℃	680 ℃
1 090	580 ℃加热,保温2 h,回火两次	53	9	9	3
	620 ℃加热,保温2 h,回火两次	48	7	6	3
1 120	560 ℃加热,保温2 h,回火两次	57	11	10	3.5
	620 ℃加热,保温2 h,回火两次	50	10	9	4.5
1 130	640 ℃加热,保温2 h,回火两次	45~46	6	3.5	2.5

（2）应用范围

由于 012Al 钢有优良的高温力学性能及热疲劳性能,因此,用 012Al 钢制作的热作模具比 3Cr2W8V 钢制模具有更长的使用寿命。如用于轴承套圈热挤压凸模和凹模,寿命提高 5~7 倍;应用于军品壳体热挤压凸模,模具寿命提高两倍以上;在轴承穿孔凸模及辗压辊上应用,寿命提高 2~3 倍。

4）6Cr4Mo3Ni2WV（CG-2）钢

CG-2 钢是在 M2 高速钢基体的基础上适当增加 Mo 含量、降低 W 含量研制而成的新型模具钢,CG-2 钢是一种冷热兼用的基体钢。

（1）力学性能

由于钢中含有 2%（质量分数）的 Ni 元素,使基体的强度和韧性提高。CG-2 钢的室温及高温强度、热稳定性均高于 3Cr2W8V 钢,但塑性及高温冲击韧度稍低于 3Cr2W8V 钢。

（2）工艺性能

①锻造工艺

始锻温度 1 140~1 160 ℃,终锻温度≥950 ℃。锻造时要求反复镦拔 1 次以上,以保证碳化物均匀分布,锻后应缓冷并及时退火。

②退火工艺

采取等温球化退火,加热温度 1 100~1 130 ℃,等温温度 670 ℃,炉冷到 400 ℃以下出炉空冷,退火硬度 220~240 HBS。

③淬火、回火工艺

淬火加热温度 1 100~1 130 ℃,油冷。用作热作模具时,回火温度 630 ℃,回火两次,每次 2 h,回火硬度 51~53 HRC。用作冷作模具时,回火温度 540 ℃,回火两次,硬度 59~62 HRC。

（3）应用

用 CG-2 钢制作轴承套圈热挤压凸模和凹模,1 130 ℃油淬及 630 ℃,600 ℃回火,硬度 50~53 HRC凸模寿命为 3Cr2W8V 钢凸模的 2~3 倍;制作底板,使用寿命为 3Cr2W8V 钢底板的 3~6 倍;制作热挤压凸模,寿命提高近 1 倍。CG-2 钢还可用于制作标准件及轴承滚子冷镦模、缝纫机零件冷镦模等。

5）4Cr3Mo3W4VNb（GR）钢

GR 钢属钨钼系热作模具钢,钢中加入少量 Nb,以增强回火抗力及热强性。其耐热疲劳抗力、热稳定性、耐磨性及高温强度明显高于 3Cr2W8V 钢。

（1）力学性能

表 3-8 列出了经大气感应炉冶炼的 GR 钢室温及高温力学性能。GR 钢成功用于齿轮高速锻模、精密锻模、轴承套圈热挤压模、自行车零件及螺母热锻模、小型机锻模、辊锻模等方面。与 3Cr2W8V 钢相比,各类模具寿命均有大幅度的提高（数倍或数十倍）。

表 3-8 GR 钢室温及高温力学性能

实验温度 /℃	抗拉强度 σ_b /MPa	屈服点 σ_θ /MPa	断后伸长率 δ_s /%	断面收缩率 Ψ /%	A_k /(J·cm^{-2})	硬度 /HRC
室温	1 880	1 500	6.7	20	16	52
600	1 440	1 160	1.25	3.0	23	—

续表

实验温度 /℃	抗拉强度 σ_b /MPa	屈服点 σ_θ /MPa	断后伸长率 δ_s /%	断面收缩率 Ψ /%	A_k /(J·cm^{-2})	硬度 /HRC
650	1 220	1 030	2.0	3.0	26	—
750	675	580	3.75	18.0	110	—

（2）工艺性能

①锻造工艺

始锻温度 1 150 ℃，终锻温度≥900 ℃，锻后缓冷及时退火。

②退火工艺

等温退火加热温度 850 ℃，等温温度 720 ℃，冷到 550 ℃以下出炉空冷。

③淬火、回火工艺

淬火温度 1 160~1 200 ℃。若要求高的韧性及塑性，则选用较低的淬火温度；若要求高的高温强度及回火稳定性，则选用较高的淬火温度。回火温度 630 ℃，600 ℃，回火两次，每次 2~3 h。若模具的形状复杂，可采用 3 次回火，回火后硬度为 50~54 HRC。

6）4Cr5Mo2MnVSi（Y10）和 4Cr3Mo2MnVNbB（Y4）钢

Y10 及 Y4 分别为铝合金及铜合金压铸而研制的新型热作模具钢。其中，Y10 钢是 $\omega_{Cr}=5\%$ 的高强韧性热作模具钢，它是在 H13 的基础上适当提高钒、锰的含量，并提高硅含量。

Y4 钢的成分接近 3Cr3Mo 型热作模具钢，但增加了微量元素铌和硼。

两种钢的锻造及退火工艺与 3Cr2W8V 钢相近，但锻造温度范围宽，锻造性能良好，无特殊要求。退火硬度低于 3Cr2W8V 钢。

淬火温度为 1 020~1 120 ℃，回火温度 600~630 ℃，可根据用途及要求进行选择。Y10 及 Y4 钢在力学性能上，尤其是冷热疲劳抗力和裂纹扩展阻力方面明显优于 3Cr2W8V 钢，是比较理想的铝、铜合金压铸模材料。用于压铸模具，可使模具寿命普遍提高 1~10 倍。两种钢在热挤压模、热锻模方面的应用也取得明显成效。

4Cr3Mo2MnW 钢，代号 ER8，是一种空冷硬化熟作模具钢，其化学成分类似于 Y4 钢，但未加 Nb，因此热强性和热稳定性不及 Y4 钢，而优于 Y10 钢。

7）3Cr3Mo3VNb 钢（HM3）

3Cr3Mo3VNb 钢是参照 H10 钢和 3Cr3Mo 系热作模具钢，并结合我国资源情况研制而成的。钢中加入微量元素铌，使钢具有更高的抗回火稳定性和热强性。

（1）力学性能

HM3 钢具有高的高温强度。当试验温度低于 600 ℃时，HM3 钢的强度低于 4Cr5W2VSi 钢，而当温度高于 600 ℃时，HM3 钢的强度却高于 4Cr5W2VSi 钢。

（2）工艺性能

①锻造工艺

始锻温度 1 120~1 150 ℃，终锻温度大于或等于 850 ℃。

②退火工艺

加热温度 860 ℃,等温温度 710 ℃,炉冷至 550 ℃以下出炉空冷。

③淬火、回火工艺

淬火温度 1 080 ℃,回火温度 560~630 ℃,回火两次,具体温度根据对模具的硬度要求选择。

(3)应用

用 HM3 钢代替 3Cr2W8V,5CrNiMo,4Cr5W2VSi 制作模具,可使模具寿命提高 2~10 倍,并有效地克服了模具因热磨损、热疲劳、热裂等引起的失效。在热锻成形凹模、连杆辊锻模、热挤压凹模、高强钢精锻模、小型机锻模、铝合金压铸模等方面的应用取得了良好效果。

8)2 Cr3Mo2NiVSi(PH) 钢

PH 钢是我国研制的无钴析出硬化型热作模具钢。用析出硬化型热作模具钢制作的模具在淬火和低温回火后进行机械加工,此时模具硬度约为 40HRC,加工后可直接使用。在使用过程中,模具表层受热,析出碳化物,导致二次硬化,硬度可达 48HRC,而心部组织未发生转变。这样,模具同时具有表层所需的高温强度和心部高韧性。由于模具在机加工前进行热处理,也避免了热处理变形和表面氧化脱碳等问题。

(1)工艺性能

①锻造工艺

始锻温度 1 000~1 100 ℃,终锻温度大于或等于 850 ℃,锻后炉冷。

②退火工艺

加热温度 780 ℃,冷速小于或等于 40 ℃/h,冷到 680 ℃后随炉冷却。退火硬度 217~229 HBS。

③淬火、回火工艺

淬火加热温度 990~1 020 ℃。截面小于或等于 100 mm 时可采用空冷,截面大于 100 mm 时为油冷。回火温度 370~400 ℃,回火一次即可。

(2)应用

PH 钢具有优异的析出硬化性能,淬火、回火后的硬度值为 45 HRC。在 525~550 ℃回火,析出硬化后的硬度值上升到 47~49 HRC。在预硬状态下切削性能良好,在保证足够韧性的前提下,其高温强度接近或超过 3Cr2W8V 钢及 4Cr5MoSiV(H11)钢。PH 钢适用于在 500~600 ℃范围内使用的热锻模具。用 PH 钢制作常啮合齿轮模和连杆模等,模具使用寿命比 H11 钢提高 1 倍。

知识点四　其他热作模具材料

1)热冲裁模用钢

热冲裁模主要有热切边模和热冲孔模等,其工作温度较低,因此,对材料的性能要求也相对较宽。除了应具有高的耐磨性、良好的强韧性以及加工工艺性能外,几乎所有的热作模具钢均能满足热冲裁模的工作条件要求,推荐使用的钢种有 5CrNiMo,4Cr5MoSiV,4Cr5MoSiV1

和8Cr3,7Cr3等,其中8Cr3钢应用较多。热冲裁模材料选用举例及其要求的硬度见表3-9。

表3-9　热冲裁模材料选用举例及其要求的硬度

模具类型及零件名称		推荐选用的材料牌号	可代用的材料牌号	要求的硬度	
				硬度/HB	硬度/HRC
热切边模	凸模	8Cr3,4Cr5MoSiV, 5Cr4W5Mo2V	5CrMnMo,5CrNiMo, 5CrMnSiMoV	—	35~40
	凹模			—	43~35
热冲孔模	凸模	8Cr3	3Cr2W8V,6CrW2Si	368~415	—
	凹模		—	321~368	—

8Cr3钢具有较高的耐磨性、较好的耐热性和一定的韧性,化学成分见表3-10。在生产中8Cr3钢制凹模的硬度为43~45 HRC。如被冲材料为耐热钢或高温合金,其硬度还应增高,但不宜超过50 HRC。凸模的硬度在35~45 HRC。

表3-10　8Cr3钢的化学成分

元素名称	C	Si	Mn	Cr	P	S
质量分数/%	0.75~0.85	≤0.40	≤0.40	3.20~3.80	≤0.030	≤0.030

8Cr3钢锻后必须进行退火,退火工艺一般为790~810 ℃加热,保温1~2 h,出炉空冷至700~720 ℃后再入炉等温3~4 h,炉冷至600 ℃出炉空冷。退火后的硬度一般小于或等于241 HBS。8Cr3钢制热冲裁模的淬火温度为820~840 ℃,淬火冷却在油中进行。为避免开裂及变形,在入油前可在空气中预冷至780 ℃。在油中冷却到150~200 ℃时出油,并立即进行回火。模具的回火温度根据其工作硬度而定,8Cr3钢经480~520 ℃回火后,硬度为41~45 HRC。8Cr3钢的回火温度不应低于460 ℃,低于此温度回火,韧性太低。

2) 奥氏体热作模具钢

随着工业技术的日益发展,对模具工作温度的要求也越来越高。由于马氏体型热作模具钢在650 ℃以上会发生碳化物的聚集长大,致使硬度、强度降低,因此为保证模具在750 ℃以上能耐高温、耐腐蚀、抗氧化,需采用奥氏体型热作模具钢。目前应用最多的有铬镍系奥氏体型钢和高锰系奥氏体钢梁大类。

(1) 高锰系奥氏体钢

此钢又分为高锰系奥氏体模具钢和高锰奥氏体无磁模具钢。

①高锰系奥氏体模具钢

5Mn15Cr8Ni5Mo3V2和7Mn10Cr8Ni10Mo3V2氏高锰系奥氏钢,在加热和冷却过程中不发生相变,始终保持奥氏体组织,经1 150~1 180 ℃固溶处理和700 ℃时效后具有较好的综合力学性能,硬度为45~46 HRC,但时效软化抗力很高,直到800 ℃时效,硬度仍能保持在42 HRC左右,远远超过3C2W8V钢,其热处理工艺与室温力学性能见表3-11。

表 3-11　奥氏体钢热处理工艺与室温力学性能

钢号	热处理工艺	硬度/HRC	抗拉强度 σ_b /MPa	断面收缩率 δ /%	冲击韧度 α_K/ (J·cm^{-2})
5Mn15Cr8Ni5Mo3V2	1 180 ℃ 固液+ 700 ℃ 4 h 时效	45.6	1 384	32.8	35
7Mn10Cr8Ni10Mo3V2	1 150 ℃ 固液+ 700 ℃ 6 h 时效	44.5	1 310	27.1	20
3Cr2W8V	1 100 ℃ 油淬+ 580 ℃ 回火	49	1 650	37.0	28

高锰奥氏体耐热模具钢主要用于制造工作应力较高、使用温度达 700~800 ℃的高温热作模具,如不锈钢、高温合金、铜合金的挤压模,模具寿命比 3Cr2Al3V2WMo 钢制模具提高 4~5倍。实际应用中应先将模具预热到 400~450 ℃,由于这类钢的塑性、韧性不高,故实际应用受到限制。

②高锰奥氏体无磁模具钢

7Mn15Cr2Al3V2WMo(7M15)钢是一种高 Mn-V 系的无磁模具钢,7Mn15 钢在任何状态下都能保持稳定的奥氏体组织,除可制作冷作模具、无磁轴承及要求在强磁场中不产生磁感应的结构件外,因其在高温下还具有较高的强度和硬度,所以也用来制作 700~800 ℃下使用的热作模具。7Mn15 钢常用的热处理工艺:1 180 ℃加热水淬,700 ℃回火空冷。

(2)铬镍系奥氏体模具钢

4Cr14Ni14W2Mo,Cr14Ni25Co2V 钢属于铬镍系奥氏体钢,在 700 ℃以下具有良好的热强性,在 800 ℃以下有良好的抗氧化性及耐蚀性。如 4Cr14Ni14W2Mo 钢在 800 ℃时仍有250 MPa 的强度,具有很好的塑性和韧性。该类钢可进行 1 150~1 180 ℃或 1 050~1 150 ℃的固液处理,再作 750 ℃的时效处理,适合制造铁合金蠕变成型模具和具有强烈腐蚀性的玻璃成型模具。

3)硬质合金

由于硬质合金具有很高的热硬性和耐磨性,还有良好的热稳定性、抗氧化性和耐腐蚀性,因此,可用于制造某些热作模具。钨钴类硬质合金(通常制成镶块)可用于热切边凹模、压铸模、工作温度较高的热挤压凸模或凹模等。例如,气阀挺杆热墩模,原采用 3Cr2W8V 钢制作,热处理后的硬度为 49~52 HRC,使用寿命为 5 000 次。后在模具工作部分采用 YG20 硬质合金镶块,模具寿命延长到 15 万次。应用于热作模具的还有奥氏体不锈钢钢结硬质合金和高碳高铬合金钢钢结硬质合金等。例如,ST60 钢结合金制热挤压模在 960 ℃左右挤压纯铜时,其使用寿命比 YG15 高很多。ST60 钢结合金还用于热冲孔模、热平锻模等。R5 钢结合金等也可用于热挤压模。

4)高温合金

高温合金的种类很多,有铁基、镍基、钴基合金等,其工作温度高达 650~1 000 ℃,可用来制造黄铜、钛及镍合金以及某些钢铁材料的热挤压模具。当模具本身的温度上升到650 ℃以上的高温状态时,一般的热作模具钢都会软化而损坏,但这些高温合金仍然能保持高的强度和硬度,表3-12是几种常用高温合金的牌号和化学成分。A-286合金经热处理后可被有效硬化,常用于热挤压黄铜的模具,其使用寿命可达铬系热作模具钢的两倍。常用镍基高温合金的工作温度可达800~1 000 ℃,其中以尼莫尼克100号热强性最高,在900 ℃时持久强度仍有150 MPa,可用于制作挤压耐热钢零件或挤压铜管的凹模及芯棒。钴基高温合金在1 000 ℃以上可保持很高的强度和抗氧化能力。S-816合金经固溶处理和时效后,具有比镍基高温合金更好的耐热疲劳抗力,故用于热挤压模可获得较高的使用寿命。

表3-12　几种常用高温合金的牌号和化学成分

种类	牌号	化学成分/%										
		C	Si	Mn	Cr	Mo	Ti	Al	Ni	Co	Fe	其他
铁基	A-286	0.05	0.5	1.35	15	1.25	2.0	0.2	26	—	—	V：0.3
镍基	Waspaioy	0.08	—	—	19	4.4	3.0	1.3		13.5		Zr：0.08 B：0.008
镍基	EX	0.05	0.2	0.2	14	6.0	3.0	1.2		4.0	28.85	—
钴基	S-816	0.38	—	—	20	4	—	—	20	—	—	W：4 Cd：4

5) 难熔金属合金

通常将熔点在1 700 ℃以上的金属称为难熔金属,其中,如钨、钼、钽、铌的熔点在2 600 ℃以上,其再结晶温度高于1 000 ℃,可长时间在1 000 ℃以上的环境工作。在热作模具制造中应有的主要是钼基合金和钨基合金,其中,钼基合金TZM和钨基合金Anviloy1150尤其受到关注。TZM合金和Anviloy1150合金的化学成分见表3-13、表3-14。

表3-13　TZM合金的化学成分

元素名称	Mo	Ti	Zr	C
质量分数/%	>99	0.50	≤0.08	0.03

表3-14　Anviloy1150合金的化学成分

元素名称	W	Ni	Nb
质量分数/%	95	3.5	1.5

这类材料的特点是熔点很高,高温强度较高,耐热性和耐蚀性好,有优良的导热、导电性能,膨胀系数小,耐热疲劳性好,不粘合熔融金属,塑性比较好,便于加工成形。相比之下,钼基合金的热强度和持久强度较高,热导性好、热膨胀小,几乎不引起热裂。ZTM合金的塑性较好,便于成形加工,室温脆性也较钨基合金小,主要用于铜合金、钢铁材料的压铸模,也可用作

钛合金、耐热钢的热挤压模等,其使用寿命远高于其他各种热作模具钢。

6)压铸模用铜合金

钢铁材料压铸时,高温金属液体(1 450~1 580 ℃)迅速压入模腔,致使模腔最高工作温度可达1 000 ℃以上,形成瞬时很高的温度梯度。铜合金因导热性好,能将压铸件的热量很快散发出去,使模具的升温梯度大为降低。采用铜合金制作的压铸模,其表面接触温度可降到600 ℃,从而降低了模具的应变和应力,使其强度足以承受压轴时的压力,同时也减轻了热疲劳作用,达到满意的效果。

用于压铸模的铜合金有铍青铜合金、铬锆钒铜合金和铬锆镁铜合金。这些铜合金的热处理工艺为固液处理加时效。用这些铜合金制作的钢铁件的压铸模,其使用寿命常常远高于各种热作模具钢。

任务三　热作模具材料及热处理方法的选用

知识点一　热作模具材料的选用

同一模具可用多种材料制作,同一种材料也可制作多种模具。热作模具材料的选用,应充分考虑模具工作中的受力、受热、冷却情况以及模具的尺寸大小、成型件的材质、生产批量等因素对模具寿命的影响,还要考虑模具的特点与热处理的关系,同时应符合加工工艺性与经济性要求。

1)热锻模材料的选用

热锻模是在高温下通过冲击力或压力使炽热金属坯料成型的模具,包括锤锻模、压力机锻模、热镦模、精锻模和高速锻模等。其中锤锻模最具代表性。

(1)锤锻模材料的选用

锤锻模是在锤锻模上使用的热作模具,工作时不仅要承受冲击力和摩擦力的作用,还要承受很大的压应力、拉应力和弯曲应力的作用;模具型腔与高温金属坯料(钢铁坯料1 000~1 200 ℃)相接触并强烈摩擦,使模具本身温度升高。锻造钢件时,模具型腔的瞬间温度可高达600 ℃以上。如此的高温会造成模具材料的塑性变形抗力和耐磨性下降,同时也会造成模具型腔壁的塌陷及加剧磨损等;锻完一个零件后还要用水、油或压缩空气进行冷却,从而对模具产生急冷急热作用,使模具表面产生较大的热应力及热疲劳裂纹;锤锻模在机械载荷与热载荷的共同作用下,会在其型腔表面形成复杂的磨损过程,其中包括黏着磨损、热疲劳磨损、氧化磨损等。另外,当锻件的氧化皮未清除或未很好清除时,也会产生磨粒磨损。

锤锻模模块尾部呈燕尾状,易引起应力集中。因此在燕尾的凹槽底部,容易产生裂纹,造成燕尾开裂。

锤锻模的主要失效形式有:磨损失效、断裂失效、热疲劳开裂失效及塑性变形失效等。对锤锻模材料的性能要求是高的冲击韧度和断裂韧度、高的热硬性与热强性、高的淬透性与回火稳定性、高的冷热疲劳抗力以延缓疲劳裂纹的产生、良好的导热性及加工工艺性能。

目前,我国锤锻模用钢主要有5CrNiMo,5CrMnMo,4CrMnSiMoV,3Cr2MoWVNi,5Cr2NiMoVSi以及45Cr2NiMoVSi;重型机械厂或钢厂生产的其他锻模钢有5CrNiTi,4SiMnMoV,5SiMnMoV,5CrNiW,5CrNiMoV 等;国外进口锻模钢有55CrNiMoV6 等。

机械压力机模块的用钢有 4Cr5MoSiV1，4Cr5MoSiV，4Cr3W2VSi，3Cr3MoW2V，5Cr4W5Mo2V；应用较好的其他钢号有 4Cr3Mo3W4VNb，2Cr3MoVNb，2Cr3Mo2NiVSi；国外进口锻模钢有 YHD3 等。

在选择锤锻模材和确定其工作硬度时，主要根据锤锻模的种类、大小、形状复杂程度、生产批量要求以及受力和受热等情况来确定。表 3-15 列举了锤锻模材选用举例及硬度要求，以供参考。

表 3-15 锤锻模材料选用举例及硬度要求

锤锻模种类		工作条件	推荐选用的材料牌号		热处理后要求的硬度			
					模腔表面		燕尾部分	
			简单	复杂	硬度/HB	硬度/HRC	硬度/HB	硬度/HRC
		小型锤锻模（高度<275 mm）	5CrMnMo 5SiMnMoV	4Cr5MoSiV 4Cr5MoSiV1 4Cr5W2VSi	387～444① 364～415②	42～47① 39～44②	321～364	35～39
		中型锤锻模（高度275～325 mm）			364～415① 340～387②	39～44① 37～42②	302～340	32～37
		大型锤锻模（高度323～375 mm）	4CrMnSiMoV 5CrNiMo 5Cr2NiMoVSi		321～364	35～39	286～321	30～35
		特型锤锻模（高度375～500 mm）			302～340	32～37	269～321	28～35
嵌镶模块、模体		高度375～500 mm	ZG50Cr 或 ZG40Cr		—	—	268～321	28～35
堆焊锻模	模体	高度375～500 mm	ZG45Mn2		—	—	269～321	28～35
	堆焊材料	高度375～500 mm	5Cr4Mo，5Cr2MnMo		302～340	32～37		

注：①用于型腔浅而形状简单的锤锻模。

②用于型腔深而形状复杂的锤锻模。

（2）其他热锻模材料的选用

其他热锻模主要是指热镦模、精锻模和高速锻模。这类模具的工作条件比一般锤锻模更恶劣，而与热挤压模相接近。工作时，受热温度更高，受热时间更长，工作负荷更大，因此，这类模具用钢与热挤压模用钢相同。表 3-16 是其他类型的热锻模材料选用举例及硬度要求，以供参考。

表 3-16 其他类型的热锻模材料选用举例及硬度要求

锻模类型或零件名称		推荐选用的材料牌号	可代用的材料牌号	要求的硬度高	
				HB	HRC
摩擦压力机锻模	凸模镶块	4Cr5W2VSi,3Cr3Mo3V, 3Cr3Mo3W2V,4Cr5MoSiV, 3Cr2W8V	5CrMnMo, 5CrMnSiMoV,5CrNiMo	390~490	—
	凹模镶块				
	凸、凹模镶块模体	40Cr	45	390~440	—
	整体凸、凹模	5CrMnMo,5SiMnMoV	8Cr3	349~422	—
	上下压紧圈	45	40,35	349~390	—
	上、下垫板和顶杆	T7	T8	369~422	—
热模锻压力机锻模	终锻模腔镶块	5CrMnSiMoV,5CrNiMo, 3Cr3Mo3V,4Cr5W2VSi, 4Cr5MoSiV,4Cr3W4Mo2VTiNb	5CrMnMo,5SiMnMoV	368~415	
	顶锻模腔镶块			352~388	
	锻件顶杆	4Cr5W2VSi,4Cr5MoSiV, 3Cr2W8V	GCr15	477~555	
	顶出板、顶杆	45	40Cr	368~415	
	垫板			444~514	
	镶块固紧零件	45,40Cr	40Cr	341~388	
				368~415	
精密锻造或高速锤锻模（整体模或镶块组合模）		4Cr5W2VSi,4Cr5MoSiV, 4Cr5MoSiV1,3Cr2W8V, 5CrNiMo,4Cr3W4Mo2VTiNb	3Cr2W8V,5CrNiMo, 5CrMnSiMoV	—	45~54
热校正模		8Cr3	5CrMnMo,5CrMnSiMoV	368~415	
冷校正模		Cr12MoV	T10A	—	55~60
平面精压模		Cr12MoV,T10A	Cr12	—	51~58
整体精压模		4Cr5W2VSi,3Cr2W8V	5CrMnMo	—	52~58

2）热挤压模材料的选用

热挤压模是使被加热的金属在高温压应力状态下成型的一种模具。挤压时凸模承受巨大的压力，且由于金属坯料的偏斜等原因，使模具还承受很大的附加弯矩，脱模时还要承受一定的拉应力；凹模型腔表面承受变形坯料很大的接触压力，沿模壁存在很大的切向拉应力，而且大都分布不均匀，再加上热应力的作用，使凹模的受力极为复杂。另外，模具与炽热金属坯料接触时间较长，受热温度比锤锻模高，在挤压铜合金和结构钢时，模具的型腔工作温度高达 600~800 ℃，若挤压不锈钢或耐热钢坯料，模具型腔温度会更高。为防止模具的温度升高，工件脱模后，每次用润滑剂和冷却介质涂抹模具的工作表面，使挤压模具经常受到急冷、急热的交替作用。

热挤压模的失效形式主要有：断裂失效、冷热疲劳失效、模腔过量塑性变形失效、磨损失

效以及模具型腔表面的氧化失效等。因此,热挤压模材料应具有以下特点:

①高强度、冲击韧度及断裂韧度,以保证模具钢具有较高的断裂抗力,防止模具发生脆性断裂。

②室温及高温硬度高,耐磨性能好,以减缓模具的磨损失效发生。

③高温强度及回火抗力高,拉伸及压缩屈服点高,防止模具产生塑性变形及堆塌。

④模具钢的相变点及高温强度高,并具有高的导热性及较低的热胀系数,有利于热疲劳抗力的提高,推迟热疲劳开裂的产生。

⑤较高的抗氧化能力,以减少氧化物对磨损及热疲劳的不利影响。

常用热挤压模具钢有 3Cr2W8V,4Cr5MoSiV1,应用较多的标准钢号有:3Cr3Mo3W2V(HM1),5Cr4W5Mo2V(RM2),5Cr4Mo3SiMnVA1(012A1),4Cr5MoSiV,4Cr5W2VSi 等;应用较多的其他钢号有:4Cr3Mo3W4VTiNb(GR),3Cr3Mo3VNb,6Cr4Mo3Ni2WV(CG2)等。

在特殊情况下,有时应用奥氏体型耐热钢、镍基合金以及硬质合金和钢结硬质合金等。

选择热挤压模具材料时,主要应根据被挤压金属的种类及其挤压温度来决定,同时,也应考虑到挤压比、挤压速度和润滑条件等因素对模具使用寿命的影响。热挤压模具的材料选用及硬度要求可参照表 3-17。

表 3-17　热挤压模具的材料选用及硬度要求

模具及零件名称		被挤金属 钢、钛及镍合金 (挤压温度 1 100~1 260 ℃)	铜及铜合金(挤压温度 650~1 000 ℃)	铝、镁及其合金(挤压温度 350~510 ℃)	铝、镁及其合金(挤压温度 < 100 ℃)
挤压模	凹模(整体模块或嵌镶模块)	4Cr5MoSiV1 3Cr2W8V 4Cr5W2VSi 4Cr4Mo2WVSi 5Cr4W5Mo2V 4Cr3W4Mo2VTiNb 高温合金 43~51 HRC	4Cr5MoSiV1 3Cr2W8V 4Cr5W2VSi 4Cr4Mo2WVSi 5Cr4W5Mo2V 4Cr3W4Mo2VTiNb 高温合金 40~48 HRC[①]	4Cr5MoSiV1 4Cr5W2VSi 46~50 HRC[①]	45 16~20 HRC
	模垫	4Cr5MoSiV1 4Cr5W2VSi 42~46 HRC	5CrMnMo 4Cr5MoSiV1 4Cr5W2VSi 45~48 HRC	5CrMnMo 4Cr5MoSiV1 4Cr5W2VSi 48~52 HRC	不用
	模座	4Cr5MoSiV 4Cr5MoSiV1 42~46 HRC	5CrMnMo 4Cr5MoSiV 42~46 HRC	5CrMnMo 4Cr5MoSiV 44~50 HRC	不用

续表

模具及零件名称		钢、钛及镍合金（挤压温度 1 100~1 260 ℃）	铜及铜合金（挤压温度 650~1 000 ℃）	铝、镁及其合金（挤压温度 350~510 ℃）	铝、镁及其合金（挤压温度 <100 ℃）
挤压筒	内衬套	4Cr5MoSiV1 3Cr2W8V 4Cr5W2VSi 4CrMo2WVSi 5Cr4W5Mo2V 4Cr3W4Mo2VTiNb 高温合金 400~475 HBS	4Cr5MoSiV1 3Cr2W8V 4Cr5W2VSi 4Cr4Mo2WVSi 5Cr4W5Mo2V 4Cr3W4Mo2VTiNb 高温合金 400~475 HBS	4Cr5MoSiV1 4Cr5W2VSi 400~475 HBS	不用
	外套筒	5CrMnMo,4Cr5MoSiV 300~350 HBS			T10A（退火）
挤压垫		4Cr5MoSiV1,4Cr5W2VSi,3Cr2W8V, 4Cr4Mo2WVSi,5Cr4W5Mo2V, 4Cr3W4Mo2VTiNb 高温合金 40~44 HBS		4Cr5MoSiV1 4Cr5W2VSi 44~48 HRC	不用
挤压杆		5CrMnMo,4Cr5MoSiV,4Cr5MoSiV1 450~500 HRC			5CrMnMo 450~500 HBS
挤压芯棒（挤压管材用）		4Cr5MoSiV1 3Cr2W8V 4Cr5W2VSi 42~50 HRC	4Cr5MoSiV1 4Cr5W2VSi 3Cr2W8V 40~48 HRC	4Cr5MoSiV1 4Cr5W2VSi 48~52 HRC	45 16~20 HRC

注：①对于复杂形状的模具，硬度比表中值应低 4~5 HRC。

3）压铸模材料的选用

压铸生产可以将熔化的金属液直接压铸成各种结构复杂、尺寸明确、表面光洁、组织致密以及用其他方法难以加工的零件，如薄壁、小孔、凸缘、花纹、齿轮、螺纹、字体以及镶衬组合等零件。近年来，压铸成型已广泛应用于汽车、拖拉机、仪器仪表、航海航空、电机制造、日用五金等行业。

压铸模是在高的压应力（30~150 MPa）下将 400~1 600 ℃的熔融金属压铸成型用的模具。根据被压铸材料的性质，压铸模可分为锌合金压铸模、铝合金压铸模、铜合金压铸模。压铸成型过程中，模具周期性地与炽热的金属接触，反复经受加热和冷却作用，且受到高速喷入的金属液的冲刷和腐蚀。因此，要求压铸模材料具有较高的热疲劳抗力、良好的抗氧化性和耐腐蚀性、高的导热性和耐热性、良好的高温力学性能和耐磨性、高的淬透性等。

常用的压铸模用钢以钨系、铬系、铬钼系和铬钨系热作模具钢为主，也有一些其他的合金工具钢和合金结构钢，用于工作温度较低的压铸模，如 40Cr，30CrMnSi，4CrSi，4CrW2Si，

5CrW2Si,5CrNiMo,5CrMnMo,4Cr5MoSiV1,3Cr2W8V,3Cr3Mo3W2V 等。其中,3Cr2W8V 钢是制造压铸模的典型钢种,常用于制造压铸铝合金和铜合金的压铸模,与其性能和用途相类似的还有 3CrMo3W2V 钢。

由于压铸金属材料不同,它们的熔点、压铸温度、模具工作温度和硬度要求各不相同,故用于不同材料的压铸模其工作条件的苛刻程度和使用寿命有很大区别,压铸金属的压铸温度越高,压铸模的磨损损坏就越快。因此,在选择压铸模材料时,首先要根据压铸金属种类及其压铸温度的高低来决定;其次还要考虑生产批量大小和压铸件的形状、质量以及精度要求等。

（1）锌合金压铸模

锌合金的熔点为 400~430 ℃,锌合金压铸模型腔的表层温度不会超过 400 ℃。由于工作温度低,除常用模具钢外,也可以采用合金结构钢 40Cr,30CrMnSi,40CrMo 等淬火后中温（400~430 ℃）回火处理,模具寿命可达 20~30 万次/模。甚至可采用低碳钢经中温氮碳共渗、淬火、低温回火处理,使用效果也很好。常用的模具钢有 5CrNiMo,4Cr5MoSiV,4Cr5MoSiV1,3Cr2W8V,CrWMn 等,经淬火,400 ℃回火后,寿命可达 100 万次/模。

（2）铝合金压铸模

铝合金压铸模的服役条件较为苛刻,铝合金溶液的温度通常为 650~700 ℃,以 40~180 m/s 的速度压入模具型腔。模具型腔表面受到高温高速铝液的反复冲刷,会产生较大的内应力。铝合金压铸模的寿命取决于两个因素,即是否发生粘模和型腔表面是否因热疲劳而出现龟裂。

铝合金压铸模常用钢有:4Cr5MoSiV1（H13）,4Cr5MoSiV（H11）,3Cr2W8V 及新钢种 4Cr5Mo2MnVSi（Y10）和 3Cr3Mo3VNb（HM-3）等。

（3）铜合金压铸模

铜合金压铸模工作条件极为苛刻,铜液温度通常高达 870~940 ℃,以 0.3~4.5 m/s 的速度压入铜合金压铸模型腔。由于铜液温度较高,且热导性极好,工作传递给模具的热量多且快,常使模具型腔在极短时间即可升到较高温度,然后又很快降温,产生很大的热应力。这种热应力的反复作用,促使模具型腔表面产生冷热疲劳裂纹,并会造成模具型腔的早期裂纹。因此,要求铜合金压铸模材料具有高的热强性、热导性、韧性、塑性,高的抗氧化性、耐金属侵蚀性及良好的加工工艺性能。

国内目前仍大量采用 3Cr2W8V 钢制造铜合金的压铸模具,也有的用铬钼系热作模具钢。近年来,我国研制成功的新型热作模具钢 Y4（4Cr3Mo2MnVNbB）,其抗热疲劳性能明显优于 3Cr2W8V 钢,3Cr3Mo3V 钢模具的使用寿命也比 3Cr2W8V 钢模具高。铜合金压铸模可进行离子氮化表面处理,Y4 钢氮化后,表面硬度可达 990HV,能避免铜合金的粘模现象。

（4）黑色金属压铸模

钢的熔点为 1 450~1 540 ℃,钢铁材料压铸模的工作温度高达 1 000 ℃,致使模具型腔表面受到严重的氧化、腐蚀及冲刷,模具寿命很低。模具一般只压铸几十件或几百件即产生严重的塑性变形和网状裂纹而失效。

黑色金属压铸模具材料最常用的仍为 3Cr2W8V 钢,但因该钢的热疲劳抗力差,因此使用寿命很低。目前,国内外均趋向于使用高熔点的钼基合金制造铜合金及黑色金属压铸模,其中 TZM 及 Anviloy1150 两种合金受到普遍重视。采用热导性好的合金,如铜合金制造黑色金属压铸模,也收到了满意的效果。使用的铜合金主要有铍青铜合金、铬锆钒铜合金和铬锆镁铜合金等。

压铸模成型部分零件的材料选用举例见表 3-18,供使用时参考。

表 3-18　压铸模成型部分零件的材料选用举例

工作条件	推荐选用的材料		代用材料	要求的硬度/HRC	备注
	简单工作条件	复杂工作条件			
压铸铅或铅合金(压铸温度<100 ℃)	45	40Cr	T8A,T10A	16~20	—
压铸锌合金(压铸温度 400~450 ℃)	4CrW2Si 5CrNiMo	3Cr2W8V 4Cr5MoSiV 4Cr5MoSiV1	4CrSi 30CrMnSi 5CrMnMo Cr12 T10A	48~52	分流锥、浇口套、特殊要求的顶杆等可采用 T8A,T10A
压铸铝合金、镁合金(压铸温度 650~700 ℃)	4CrW2Si 5CrW2Si 6CrW2Si	3Cr2W8V 4Cr5MoSiV 4Cr5MoSiV1 3Cr3Mo3W2V 4Cr5W2VSi	3Cr13 4Cr13	40~48	
压铸铜合金(压铸温度 850~1 000 ℃)	3Cr2W8V,4Cr5MoSiV,4Cr5MoSiV1,3Cr3Mo3W2V,4Cr5W2VSi,3Cr3Mo3Co3V,YG30 硬质合金,TZM 钼合金,钨基粉末冶金材料		—	37~45	—
压铸钢、铁材料(压铸温度 1 450~1 650 ℃)	3Cr2W8V(表面渗铝)、钨基粉末冶金材料、钼基难熔合金(TZM)、铬锆钒铜合金、铬锆镁合金、钴铍铜合金		—	42~44	—

注:成形部分零件主要包括型腔(整体式或镶块式)、型芯、分流锥、浇口套、特殊要求的顶杆等,型腔、型芯的热处理,也可先调质到 30~35 HRC,试模后,进行氮碳共渗至表面硬度≥600 HV。

知识点二　热作模具材料的热处理

1)热作模具材料热处理工序的选用

在热作模具材料选定以后,成形加工工艺和热处理加工工序对模具的使用性能和寿命影响很大。常见热作模具成形加工工艺路线如下:

(1)锤锻模的加工工艺路线

下料→锻造→退火→机械粗加工→探伤→成形加工→淬火及回火→钳修→抛光。

形状复杂、机械加工量很大的模块,粗加工以后应进行中间去应力退火以消除机械加工产生的内应力。成型加工可采用仿形铣削进行粗加工，电火花作为精加工。

（2）热挤压模的加工工艺路线

下料→锻造→预先热处理→机械加工→淬火及回火→研磨抛光。

（3）压铸模的加工工艺路线

一般压铸模：下料→锻造→退火→机械粗加工→稳定化处理→精加工成形→钳工修配→发蓝。

形状复杂、精度要求高的压铸模：下料→锻造→退火→机械粗加工→调质→精加工成型→钳工修配→渗氮（或软氮化）→研磨抛光。

必须根据热作模具成型加工工艺与性能要求来确定其热处理工序，热作模具钢热处理工序确定的原则如下：

①锻造加工之后安排一次预备热处理，以改善加工工艺性能或为最终热处理作好组织准备。

②为了减少热处理变形，对于位置公差和尺寸公差要求严格的模具，常在机加工之后安排高温回火或调质处理。

③成型加工后进行淬火及回火以获得所要求的使用性能。

④部分模具在最后还安排一次化学热处理，以提高模具型腔表面的性能，从而提高模具的使用寿命。

2）热作模具材料热处理选用

（1）热锻模的热处理选用

①预备热处理：退火

锤锻模毛坯主要为锻坯，锻后模块内存在较大的内应力和组织不均匀性，必须进行完全退火或等温退火，主要锤锻模具钢的退火工艺见表3-19。

表 3-19　主要锤锻模具钢的退火工艺

钢号	加热温度/℃	保温时间/h	冷却方式
5CrNiMo	760~780	4~6	随炉缓冷至 500 ℃，出炉空冷
5CrMnMo	850~870	4~6	
4CrMnSiMoV	840~860	2~4	炉冷至 700~720 ℃等温 4~6 h，再随炉冷至 500 ℃以下出炉空冷
45Cr2NiMoVSi	850~870	3~4	随炉缓冷至 500 ℃出炉空冷

由于含铬、镍的锤锻模具钢易产生白点，往往在常规退火之后再进行一次防白点的退火，其退火温度要比常规退火温度低 200 多度，但保温时间比常规退火长得多，一般为 20~60 h。

锤锻模因磨损造成尺寸超差，可进行翻新。为了便于进行加工，需翻新的锻模应进行软化处理。软化处理工艺一般采用 650~690 ℃高温回火或常规退火，如需显现燕尾槽疲劳裂纹和减小再淬火时的畸变和开裂，以常规退火为宜，但应注意对燕尾加以保护，以防氧化脱碳。

模块的退火保温时间应根据模块的尺寸而定，不同尺寸模块退火升温及保温温度、保温时间、冷却方式见表3-20。

表3-20　不同尺寸模块的退火工艺规范

锤锻模规格尺寸 mm×mm×mm	600~650℃ 预热时间/h	升温	保温温度/℃	保温时间/h	冷却方式
250×250×250	2		830~850	4~5	
300×300×300	3	随炉 缓慢 升温	830~850	5~6	随炉冷（以 50℃/h）至 500℃以下 出炉空冷
350×350×350	4		830~850	6~7	
400×400×400	5		840~860	7~8	
450×450×450	6		840~860	8~9	
500×500×500	7		840~860	9~10	

②最终热处理：淬火与回火

模具具体的热处理工艺应根据失效形式来确定。因磨损失效的模具应考虑提高其热硬性及抗软化能力；脆断失效的模具，则应提高其强韧性。具有珠光体和贝氏体混合组织时，韧性较好。

A.淬火前的准备工作

模具在淬火前应检查和清除刀痕等加工缺陷。锻模尺寸较大，加工、保温时间较长，为避免氧化、脱碳，应采用保护气氛加热或装箱保护。装箱保护方法如图3-2所示。为避免燕尾槽在淬火时开裂，可在圆角处缠上石棉绳，以减小该淬火时的冷却速度。

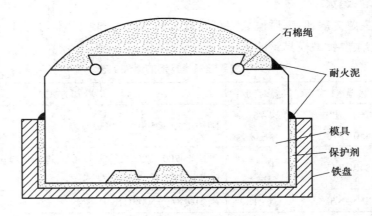

图3-2　模具装箱保护示意图

装炉量根据设备及锻模大小而定，在两块锻模及锻模与炉壁之间应留有150~250 mm的距离。

B.淬火加热温度及保温时间

锤锻模在淬火加热时，要进行一次或两次预热。锤锻模常规的淬火温度是选在奥氏体晶粒不长大的温度范围，以保证有较高冲击值。表3-21为几种主要锤锻模用钢的淬火工艺，在给定的温度下淬火可确保钢中奥氏体晶粒不易长大，并保证钢具有较高的冲击韧度。

表 3-21　锤锻模用钢的淬火工艺与硬度

钢　号	淬火温度/℃	淬火介质	硬度/HRC
5CrNiMo	830~860	油	58~60
5CrNiW	840~860	油	55~59
5CrNiTi	830~850	油	53~58
5CrMnMoSiV	870~890	—	—
5SiMnMoV	840~870	油	≥58
4SiMnMoV	890~920	油	59~60
6SiMnMoV	820~860	油	≥56
5CrMnMo	820~850	油	52~58
5Cr2NiMoVSi	940~970	油	60~61

近几年的研究试验提出,随着淬火温度的提高,钢的组织以板条状马氏体为主,而板条状马氏体比针状马氏体有更高的韧性。同时,随着淬火温度的提高,钢中的碳化物更充分溶解,使钢的一系列性能发生变化。例如,随着淬火温度的提高,钢的断裂韧度有所提高,钢的抗回火能力和热稳定性也得到提高;淬火温度提高后,还能推迟热疲劳裂纹的产生;淬火温度提高后还能使奥氏体晶粒长大,降低钢的冲击韧度;通过回火温度的调整,能使钢的冲击韧度达到模具所需要求。

保温时间的计算,是以温度(仪表开始断电控制)或观察模具的加热颜色与炉内颜色一致时开始计算。如果模具装箱,则应将装箱厚度作为模具厚度的一部分加以计算,且应选加热系数上限。箱式电阻炉加热系数为 2~3 min/mm,盐浴炉加热系数为 1 min/mm。

C.淬火冷却

锤锻模的冷却工艺及操作水平是影响模具质量的关键,冷却不当可能导致模具淬火变形及开裂。

锻模淬火入油前要进行预冷,预冷到 780~800 ℃为宜,可避免淬火变形及开裂倾向。冷却介质采用 30~80 ℃的锭子油,为使其冷却均匀,可安装循环冷却装置及用搅拌装置对油搅拌。

锻模冷到 150~200 ℃即应出油并立即装炉回火,如果冷却到过低温度或回火前停留时间过长,则可能产生很大的热应力和组织应力,导致锻模开裂。出油温度也不能太高,如果出油温度过高,则模具心部未达到马氏体转变温度,而发生上贝氏体或其他类型非马氏体组织转变,会导致模具的早期堆塌变形或开裂而影响模具寿命。

模具出油温度一般凭经验确定。当模具提出油面只冒青烟而不着火,如将水滴(或唾液)滴至模面有缓慢的爆裂声,此时模具温度为 150~200 ℃。出油温度也可根据在油中停留时间来控制,一般小型锻模为 15~20 min,中型锻模为 25~45 min,大型锻模为 50~70 min。模具出油后要尽快回火,不允许冷到室温再回火,否则易裂开。

D.锻模的回火

回火的目的是为使钢获得稳定的组织,并调整模具钢的硬度使其达到要求,此外,还可降低模块内部淬火产生的内应力。硬度的理想标准是:模具不发生脆断时的最高硬度值。表 3-22 为各类锤锻模的硬度选择范围。

表 3-22　各类锤锻模的硬度选择范围

模具类型	模面硬度/HRC	燕尾硬度/HRC
小型	39~42	35.0~39.5
中型	39~42	32.5~37.0
大型	35~40	30.5~35.0
特大型	34~37	27.5~35.0

回火温度按模具的工作条件和不发生脆断的最高硬度值确定。表 3-23 为几种锤锻模钢经不同温度回火后的硬度值。

表 3-23　锤锻模用钢回火温度与硬度的关系

牌　号	回火温度/℃	回火硬度/HRC	牌　号	回火温度/℃	回火硬度/HRC
5CrMnMo	490~510	44~47	5CrNiTi	475~485	41~45
	520~540	38~42		485~510	39~43
	560~580	34~37		600~620	33~37
4SiMnMoV	560~590	42~47	5Cr2NiMoV	500	50.5
	590~620	37~42		550	49.5
	630~660	32~37		600	48.7
				650	43.0
5CrMnMoSiV	520~580	44~49	5CrNiW	520~540	41~45
	580~630	41~44		530~550	40~43
	610~650	38~42		590~610	33~37
	620~660	37~40		670~690	25~30
5SiMnMoV	490~510	40~46	6SiMnMoV	490~510	40~46
	600~620	35~39		600~620	35~39

回火温度时间应保证模具心部组织充分转变,回火时间过短,心部硬度偏高,容易产生开裂。

锻模的回火次数一般为 1~2 次。第二次回火温度应低于第一次回火温度,为防止第二类回火脆性,回火后采用油冷,在 100 ℃ 左右出油空冷。

燕尾是锻模固定在锤头的部位,直接与锤头接触,其硬度不应高于锤头。燕尾根部存在较大的应力集中,硬度不宜太高。因此,燕尾硬度应低于模具型腔硬度,对燕尾要进行专门的回火。燕尾回火方法有以下 3 种:

a.在专用的燕尾回火炉中进行回火。该方法是工厂生产中比较常用的燕尾回火方法,它是将燕尾向下置于电炉、煤炉或盐浴炉的炉槽内加热回火。具体回火温度根据钢种及模具燕尾的硬度要求而定。

b.燕尾自回火法。这是较广泛采用的一种方法,即将整个锻模在油中冷却到一定温度后,将燕尾提出油面停留一段时间,此时模具心部温度仍较高,燕尾已淬火的部分被心部热量加热而回火。实际操作时如此反复操作 3~5 次即可。

c.降低燕尾硬度措施。淬火时,采取降低燕尾冷却速度的措施或对燕尾采取预延迟冷却淬火法,以降低燕尾硬度。

③强韧化处理

为了提高热锻模的使用寿命,生产实践中还开发了一些强韧化处理方法。

A.高温淬火

5CrNiMo 和 5CrMnMo 钢,按常规加热淬火后,获得片状马氏体和板条状马氏体的混合组织。将其淬火温度分别提高到 900 ℃ 和 950 ℃,获得的是以板条状马氏体为主的淬火组织,模具具有高的强韧性和断裂韧性,使用寿命明显提高。例如,5CrMnMo 钢齿轮锻模,淬火温度由 860 ℃ 提高到 900 ℃,模具的使用寿命从 800 件增加到 900 件。

B.等温淬火

锻模采用等温淬火工艺,获得下贝氏体组织,使模具有较高的强韧性,模具寿命得到提高,如 5CrMnMo 钢发兰盘模具,普通淬火,模具寿命为 8 500 件,经等温淬火,模具寿命为 13 000件。

C.化学热处理

热锻模经渗硼或氮、碳、硼三元共渗处理可以提高模腔的耐磨性和抗黏模性,从而提高模具寿命。如 5CrMnMo 钢制刮板运输机连接环锤锻模,经常规热处理后模具寿命为 400~1 200 件,采用固体渗硼淬火工艺,模具寿命达 2 500~4 000 件。又如 5CrMnMo 钢锤锻模,采用如图 3-3 所示的三元共渗及热处理工艺,模具寿命从普通热处理的 3 000~4 000 件提高到 6 000~8 000件。

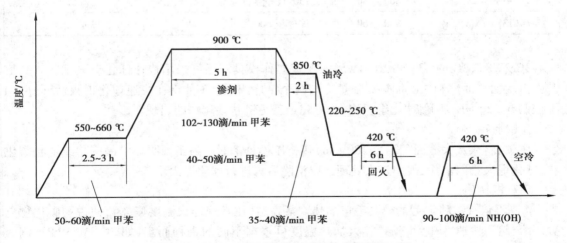

图 3-3　5CrMnMo 钢锤锻模三元共渗及热处理工艺

（2）热挤压模的热处理选用

热挤压模具用钢要求有高的断裂抗力,高的抗压及抗拉屈服强度,高的冲击及断裂韧性,高的抗回火软化能力及高温强度、室温和高温硬度。此外,还要求有高的导热性、小的热膨胀系数、高的高温相变点和抗氧化能力。

①预备热处理

A.退火

锻后退火的目的是为了消除应力,降低硬度,改善切削加工性,便于切削加工。同时改善钢的组织,为随后最终的热处理淬火工序作好组织准备。为确保模具钢具有良好的耐磨性、韧性和小的热处理畸变倾向,退火后要十分注意碳化物的形状、大小及分布状态。

热挤压模具的退火工艺主要在于正确地选择退火温度,保持充分的保温时间,并以合适的冷却速度冷却。由于弥散分布的细粒状碳化物对基体组织的割裂作用小,引起的应力集中作用小,钢的韧性好且强度高,故一般希望获得圆而细小的碳化物。热挤压模的退火通常采用等温球化退火工艺。常用热挤压模具钢的退火工艺见表3-24。

表3-24　热挤压模具钢的退火工艺

牌　号	退火工艺	退火后硬度/HBS
3Cr2W8V	840~880 ℃加热,冷至720~740 ℃等温,炉冷至500 ℃出炉空冷	≤241
5Cr4W5Mo2V(RM2)	870 ℃加热,730 ℃等温,炉冷至500 ℃出炉空冷	197~212
4Cr3Mo3W4VNb(GR)	850 ℃加热,720 ℃等温,炉冷至500 ℃出炉空冷	170~200
3Cr3Mo3W2V(HMI)	870 ℃加热,730 ℃等温,炉冷至500 ℃出炉空冷	197~229
4Cr5MoSiV	860~890 ℃,炉冷至500 ℃出炉空冷	≤223
4Cr5MoSiV1	860~890 ℃加热,炉冷至500 ℃出炉空冷	≤223
3Cr3Mo3VNb	900~980 ℃加热,720 ℃等温,炉冷至500 ℃出炉	181~190
6Cr4Mo3Ni2WV(CG2)	810 ℃加热,670 ℃等温,炉冷至400 ℃出炉	220~240
5Cr4Mo3SiMnVA1(012A1)	860 ℃加热,720 ℃等温,炉冷至500 ℃出炉	—
4Cr5W2VSi	860~880 ℃加热,750 ℃等温,炉冷至500 ℃出炉	≤229
4Cr3Mo2NiVNbB	850~860 ℃加热,炉冷至500 ℃出炉	190~220

3Cr2W8V,3Cr3Mo3VNb,5Cr4W5Mo2V等热作模具钢还可采用快速球化退火工艺。其工艺由一次加热油淬和二次加热后随炉冷却两个工序组成。3种钢在快速球化退火后,硬度均可控制在220 HB以下,球化组织均匀,可完全避免链状碳化物的出现。

B.锻后正火

中碳高合金、大截面(直径>100 mm)热挤压模具钢锻后易出现明显沿晶网状或链状碳化物,球化退火难以消除,需用正火处理予以消除后再进行球化退火。

C.高温调质

a.高温淬火。将锻后的模具毛坯加热到某高温(比常规淬火温度偏高),使过剩碳化物充分固溶,然后快速冷却到室温,淬火加热温度可根据不同的钢种而定,如3Cr3Mo3W2V钢为1 200 ℃。

b.高温回火。既降低硬度,改善切削加工性,又可消除组织遗传,防止最终热处理时晶粒粗大。回火温度一般为700~750 ℃。

用高温调质代替球化退火,可使碳化物均匀分布,断裂韧度显著提高,而且还缩短了生产周期。

②最终热处理

A.淬火

a.加热温度。对于热挤压模具钢,选择淬火温度时,首先主要考虑获得细小的奥氏体晶粒和高的冲击韧度;其次还要考虑模具的工作条件、结构形状、失效形式等对性能的要求。对断裂韧度、抗热疲劳和抗热磨损要求较高及淬火处理需电加工的模具要采用上限和较高的温度淬火。对要求畸变小、晶粒细、冲击韧性高的模具,应用下限的温度淬火。表 3-25 是部分热挤压模用钢的推荐淬火温度。

表 3-25 热挤压模用钢的推荐淬火温度

牌 号	淬火加热温度/℃	淬火介质	淬火后硬度/HRC
3Cr2W8V	1 050~1 100	油	50
5Cr4W5Mo2V(RM2)	1 130~1 140	油	60
4Cr3Mo3W4VNb(GR)	1 160~1 200	油	56~57
3Cr3Mo3W2V(HM1)	1 030~1 090	油	52~55
4Cr5MoSiV	1 000~1 050	油、空	56~58
4Cr5MoSiV1	1 000~1 090	油、空	53~57
3Cr3Mo3VNb	1 160~1 140	油	47~48
6Cr4Mo3Ni2WV(CG2)	1 100~1 140	油	60
5Cr4Mo3SiMnVA1(012A1)	1 090~1 120	油	60
4Cr5W2VSi	1 060~1 080	油、空	56~58
5Cr4W2Mo2VSi	1 100~1 140	油	54~56
4Cr3Mo2NiVNb	1 130	油	54

b.保温时间。主要考虑要能完成组织转变,使碳及合金元素充分固溶,以保证获得高的回火抗力及热硬性。淬火保温时间(盐浴炉)一般按 0.5~1 min/mm 计算,尺寸越小系数越大。淬火加热保温时间过短,将降低钢的红硬性及回火能力。

c.冷却方式。由于热挤压模具用钢属于中、高合金钢,淬透性好,淬火冷却可采用油冷,对畸变要求较高的模具可采用 80~150 ℃热油淬火、贝氏体等温淬火或马氏体分级淬火。对于要求高强韧性的模具,要采用高的淬冷速度以抑制碳化物的沿晶析出和出现上贝氏体,提高其强韧性和回火抗力。模具冷到 150~200 ℃即应出油并立即装炉回火,特别是形状复杂的模具。如果冷却到过低温度或回火前停留时间过长,则可能产生很大的热应力和组织应力,导致模具开裂。

B.回火

回火温度主要根据模具的硬度要求确定,选择原则是在不影响模具抗脆断及热疲劳能力的前提下,尽可能提高模具的硬度。

热挤压模具的回火次数一般进行两次,回火时间可按 3 min/mm 计算,但不应该低于 2 h。第二次回火温度比第一次回火温度低 10~20 ℃。但对 3Cr2W8V 钢的实际应用中发现,先经低温回火,再经高温回火,其冲击韧度比直接高温回火时要高两倍,模具寿命也相应提高。表 3-26 给出了常用热挤压模具钢的常规热处理工艺。

表 3-26　常用热挤压模具钢的常规热处理工艺

牌　号	淬火工艺与淬火硬度		达到以下硬度的回火温度/℃		
	淬火温度/℃	油淬硬度/HRC	50~55 HRC	40~50 HRC	40 HRC
4Cr5MoSiV	1 000~1 030	50~55	540~560	560~600	640
4Cr5MoSiV1	1 020~1 040	53~55	540~560	560~610	640
4Cr5W2VSi	1 030~1 050	53~56	540~560	560~580	630
4Cr3Mo3SiV	1 010~1 030	50~55	600~620	620~640	—
5Cr4W5Mo2V	1 080~1 120	54~58	600~630	630~650	700
3Cr3Mo3VNb	1 060~1 090	48~50	—	550~600	—

C.化学热处理工艺

模具型腔表面性能对其寿命及失效形式影响很大,热挤压模具常常用渗碳、渗氮、氮碳共渗、渗金属及多元共渗等热化学处理工艺方法来改变表面化学成分,提高其表面硬度和耐磨性以及耐热疲劳性,大幅度提高模具寿命。

(3)压铸模的热处理选用

为适应压铸模工作环境,满足其使用性能要求,压铸模热处理具有下列特点:

①预备热处理

A.去应力退火

压铸模型腔复杂,在粗加工和半精加工时会产生较大的内应力。为了减小淬火变形,在粗加工之后应进行去应力退火(也称为稳定处理)。其工艺为:650~680 ℃加热,保温 3~5 h后,型腔简单的模具可直接出炉空冷。而形状复杂的压铸模需炉冷至 400 ℃后出炉空冷。经电火花加工的模具型腔,表面可形成脆性大、显微裂纹多的脆硬铸态组织变质层,模具表面疲劳强度显著下降,对模具寿命影响极大。可通过调整电加工规范来减少和改善脆性,也可用回火后的钳工研磨、抛光方法予以去除。

B.球化退火

退火的目的是降低硬度、改善切削加工性和获得均匀、弥散发布的碳化物以改善钢的强韧性。由于调质处理的效果优于球化退火,因此,强韧性要求高的压铸模,常常用调质代替球化退火。

压铸模的退火还可以采用快速匀细球化退火工艺。该工艺是在远高于传统退火工艺的加热温度下,进行短时加热,快速冷却,以获得少量的剩余碳化物,然后再第二次加热到适当温度,保温后随炉缓冷,以获得均匀、细小的球状碳化物。快速匀细球化退火工艺如图 3-4 所示。该工艺显著的优点是:碳化物颗粒匀细,硬度低,易于切削加工,且退火周期缩短 1/3以上。

例如,122 cm 吊扇上下盖的铝合金压铸模在采用了如图 3-4 所示的快速匀细球化退火的预处理工艺并随后分别进行 1 020 ℃真空加热油淬、570 ℃与 550 ℃两次回火和 590 ℃离子氮碳共渗处理后,心部硬度为 42 HRC,表面硬度为 1 037 HV,渗层深为 0.21 mm,模具的使用寿命可达 23 万件以上,且模具表面质量良好,脱模容易,未呈现热疲劳和冲蚀现象。

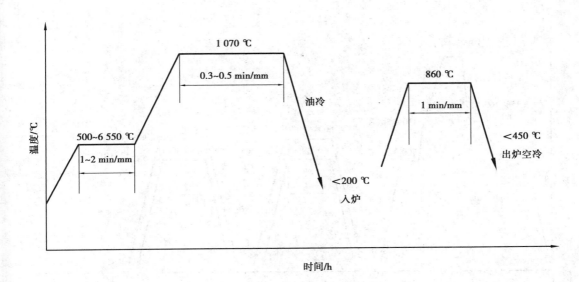

图 3-4　HM3 钢快速匀细球化退火工艺

②最终热处理:淬火和回火

A.淬火加热

压铸模用钢多为高合金钢,因导热性差,需严格控制淬火加热速度。常采取预热措施以降低表面与心部温差,预热次数的多少,取决于钢的成分和对模具变形量的要求。对于变形量无特殊要求的模具,在不产生开裂的前提下,预热次数可以少些,但变形量要求较小的模具,必须多次预热。较低温度(400~650 ℃)预热,一般在空气炉中进行,较高温度(800~850 ℃)预热,应采用盐浴炉,预热时均为可按 1 min/mm 计算。

B.淬火加热温度

对于典型压铸模用钢来说,高的淬火温度有利于提高钢的高温强度和冷热疲劳抗力,但会引起晶粒长大和碳化物沿晶界分布,使韧性和塑性下降。因此,压铸模要求较高韧性时采用较低温度淬火,而要求较高的高温强度时,则采用较高温度淬火,具体温度可参照各压铸模用钢的推荐温度。

为了获得良好的高温性能,保证碳化物充分溶解,获得成分均匀的奥氏,压铸模的淬火保温时间都比较长,一般在盐浴炉中加热,保温系数取 0.8~1.0 min/mm。

C.淬火冷却

油淬冷却速度快,可获得良好的力学性能,但变形开裂倾向大,至适宜形状简单、变形要求不高的压铸模;而形状复杂、变形要求较小的压铸模宜采用分级淬火。为防止变形、开裂,无论采用哪种冷却方式,都不允许冷到室温,一般应冷到 150~180 ℃均热一定时间后立即回火,均热时间可按 0.6 min/mm 计算。

D.回火

压铸模必须充分回火,一般回火 3 次,第一次回火温度选在二次硬化的温度范围,第二次回火温度的选择应使模具达到所要求的硬度,第三次回火温度要低于第二次 10~20 ℃,回火后均采用油冷或空冷,回火时间不少于 2 h。

3Cr2W8V 钢制压铸模的热处理工艺曲线如图 3-5 所示。

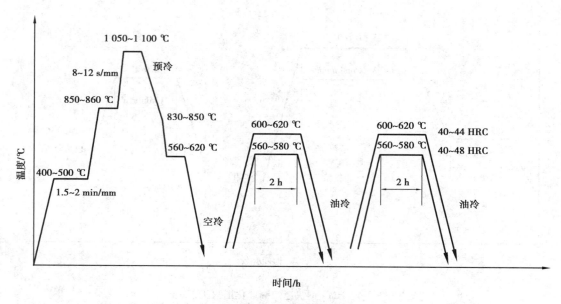

图 3-5　3Cr2W8V 钢制压铸模的热处理工艺曲线

③压铸模的表面处理

为了防止熔融金属粘模、侵蚀,提高压铸模型腔表面的抗氧化性、耐腐蚀性和耐磨性,压铸模常采用表面强化处理。采用的表面强化处理方法有氮化、氮碳共渗、渗铬、渗铝、渗硼,多元共渗等。如 3Cr2W8V 钢制压铸模,压制 T8 钢小型铸件,常规热处理后,模具寿命仅百余件,而经表面渗铝后,由于提高了模具的抗氧化性能,可压铸千余件。

3)热作模具与热处理选用综合实例

热作模具与热处理选用实例见表 3-27。

表 3-27　热作模典型选材、强化处理与使用寿命的关系

模　具	材　料	原热处理工艺	失效形式与寿命	现热处理工艺	失效形式与寿命
热冲头	3Cr2W8V	1 050~1 100 ℃淬火,630 ℃回火两次,45~47 HRC	200~350 件:软化变形和开裂	1 275 ℃加热,300~320 ℃等温淬火,46~48 HRC	1 500~2 200 件不再开裂
热挤压模具	3Cr2W8V	1 050 ℃淬火,620 ℃回火两次,45~48 HRC	1 200 件,早期开裂	1 200 ℃淬火,680 ℃回火两次,40~45 HRC	3 300 件,变形与疲劳
热挤压冲头	3Cr2W8V	1 050 ℃淬火,620 ℃回火	200 件,开裂	改用 4Cr3Mo2NiVNb 钢,1 150 ℃淬火,620 ℃回火两次,39~42 HRC	650~700 件
热冲头	3Cr2W8V	1 100 ℃淬火,600 ℃回火两次,47~51 HRC	250 件,开裂	1 200 ℃淬火,680 ℃回火,40~45 HRC	500 件,变形及磨损
精锻伞齿轮模	3Cr2W8V	常用工艺处理	寿命低,开裂	1 150 ℃和 1 050 ℃两次加热淬火,600 ℃回火两次,45~48 HRC	500 件

模 具	材 料	原热处理工艺	失效形式与寿命	现热处理工艺	失效形式与寿命
粗锻伞齿轮模	3Cr2W8V	常规工艺处理	2 000 件,齿形堆塌	1 050 ℃加热,400 ℃等温淬火,660 ℃回火两次,渗氮,39~42 HRC	>5 000 件
半轴摆模	3Cr2W8V	1 075 ℃淬火,600 ℃回火 3 次,49~51 HRC	1 200 件,开裂	900 ℃淬火,600 ℃回火两次,44~46 HRC	>4 000 件
锤锻模	5CrMnMo	860~880 ℃淬火,燕尾油淬空冷,480 ℃回火,44~47 HRC	2 500 件,燕尾开裂	880 ℃加热,450 ℃等温淬火,480 ℃回火	6 000~10 000 件,燕尾不再开裂
齿轮毛坯半精锻模	5CrMnMo	840 ℃淬火,500 ℃回火,44~47 HRC	414 件,热疲劳	改用 H113 钢	1 780 件,热磨损
精锻齿轮模具	4CrMoSiV	48 HRC	半轴:715 ~ 1 700件 行星:2 400~ 2 530 件	半轴:改用 5Cr4W5Mo2V 钢,1 140 ℃淬火,600~ 610 ℃回火两次,49 HRC; 行星:改用 3Cr3Mo3W2V 钢,1 120 ℃淬火,550 ℃回火两次,48 HRC	半轴:1 449~ 3 427 件 行星:5 349~ 5 475 件

思考与练习

1.简述热作模具的工作条件及失效形式。

2.热作模具钢是怎样分类的？写出常用热作模具材料的牌号。

3.热作模具钢的化学成分有什么特点？

4.热作模具材料的选用应考虑哪些主要因素？

5.与其他热作模具相比,压铸模的工作条件对材料的性能要求有什么不同？

6.试述 5CrNiMo 钢热锻模热处理工艺及注意事项。热锻模燕尾的热处理方法有哪些？

7.热挤压模的预先热处理方法有哪些？各用于什么场合？

8.分析 3Cr2W8V 钢压铸模的热处理工艺特点。

9.影响热作模具寿命的因素有哪些？提高热作模具寿命的措施有哪些？

项目四

塑料模具材料

我国塑料工业的迅速发展,塑料制品的广泛应用,极大地推动了塑料成型模具的发展,对塑料模具材料的需求量越来越大,并对材料的质量和性能要求越来越高。目前,用户使用的塑料模具材料有国产的,也有进口的,年消耗量很大。近十几年来,国内许多单位在研制新型塑料模具材料、提高冶金质量、优化热处理工艺、提高模具寿命等方面做了大量的工作,为用户提供了很多质优价廉的塑料模具材料,获得了明显的技术经济效益。

任务一　塑料模具的失效形式与材料的性能要求

由于橡塑模具的使用条件不同,对橡塑模具材料的使用性能要求也不尽相同。总的来说,要求模具材料应具有一定的强度、硬度、耐磨性、耐蚀性和耐热性能等,同时也要求模具材料应具备良好的工艺性能,其中包括切削加工性能、抛光性能、焊接性能、表面饰纹加工性能、尺寸稳定性和热处理变形小等。这些要求对于制造大型、复杂、高精度的塑料成型模具更为重要。

知识点一　塑料成型模具的分类及工作条件

1) 塑料成型模具的分类

根据塑料的热性能和成型方法的不同,可将塑料成型模具分为两大类:

(1)热固性塑料成型模具

热固性塑料成型模具主要用于成型热固性塑料制品,包括热固性塑料压制模具、热固性塑料传递模具和热固性塑料注射成型模具3种类型。

(2)热塑性塑料成型模具

热塑性塑料成型模具主要用于热塑性塑料制品的成型,包括热塑性塑料注射成型模具、热塑性塑料挤出成型模具、热塑性塑料吹塑成型模具等。

2) 塑料成型模具的工作条件

塑料成型模具在成型过程中所受的力有合模力、型腔内熔体的压力、开模力等,而塑料熔体对型腔的压力是主要的,因此,在计算型腔的强度和刚度时,以熔体对型腔的最大压力为依据。

(1)热固性塑料成型模具

热固性塑料成型模具的工作温度一般为160~250 ℃,在流动性差的塑料快速成型时,模具的局部温度会较高。模腔工作时承受的压力一般为30~200 MPa,型腔表面易受腐蚀和磨损,手工操作时会受到脱模的周期性冲击和碰撞。

(2)热塑性塑料成型模具

热塑性塑料成型模具的工作温度一般在200 ℃以下,模腔工作时承受的压力一般为100~200 MPa。在塑料熔体充模时,模具工作零件,尤其浇注系统明显地受到熔体流动的摩擦、冲刷。当成型聚氯乙烯、氟塑料及阻燃级的 ABS 塑料制品时,在其成型过程中分解出的 HCL,SO_2,HF 等腐蚀性气体,会使模具表面腐蚀破坏。

热固性塑料压模和热塑性塑料注射模的工作条件及特点见表4-1。

表 4-1　热固性塑料压模和热塑性塑料注射模的工作条件及特点

模具名称	工作条件	特　点
热固性塑料压模	温度为 200~250 ℃、受力大、易磨损、易腐蚀	压制各种胶木粉,一般含大量固体填充剂,多以粉末直接放入压模,热压成型,受力较大,磨损较重
热塑性塑料注射模	受热、受压、受磨损,但不严重。部分产品含有氯及氟,在压制时放出腐蚀性气体,腐蚀型腔表面	通常不含固体填料,以软化状态注入型腔,当含有玻璃纤维填料时,会加剧型腔磨损

知识点二　塑料模具的主要失效形式

塑料模具的主要失效形式是表面磨损、塑性变形及断裂,但由于对塑料制品表面粗糙度及精度要求较高,故因表面磨损造成的模具失效比例较大。

1)表面磨损

(1)模具型腔表面粗糙度恶化

热固性塑料对模具表面严重摩擦,会造成表面拉毛而使模具型腔表面粗糙度变大,这必然会影响到制件的外观质量,需要及时卸下抛光。经过多次抛光后,会由于模具型腔尺寸超差而失效。

(2)模具型腔尺寸超差

当塑料中含有云母粉、石英砂、玻璃纤维等固体无机填料时,会明显加剧模具的磨损,这不仅会使型腔表面粗糙度迅速恶化,也会使模具型腔尺寸急剧变化。

(3)型腔表面腐蚀

塑料中存在氯、氟等元素,受热分解析出 HCI,HF 等强腐蚀性气体,腐蚀模具表面,加剧其磨损失效。

2)塑性变形

模具在持续受热、受压作用下,发生局部塑性变形失效。以渗碳钢或碳素工具钢制造的胶木模,特别是小型模具在大吨位压力机上超载使用时,容易产生表面凹陷、麻点、棱角、塌陷等缺陷,尤其是在棱角处更容易产生塑性变形。产生这种失效,主要是由于模具型腔表面的硬化层过薄,变形抗力不足;或是模具在热处理时回火不足,在服役时,工作温度高于回火温度,继续发生组织转变而发生"相变超塑性"流动,使模具早期失效。

为了防止塑性变形,需将模具处理到足够的硬度及硬化层深度,如对碳素工具钢,硬度应达到 52~56 HRC,渗碳钢的渗碳层厚度应大于 0.8 mm。

3)断裂

断裂失效是一种危害性较大的快速失效形式。塑料制品成型模具现状复杂,存在许多棱角、薄壁等部位,在这些位置会产生应力集中而发生断裂。为此,在设计制造中除热处理时要注意充分回火外,主要应选用韧性较好的模具钢制造塑性模具,对于大、中型复杂型腔胶木模,应采用高韧性钢(渗碳钢或热作模具钢)制造。

知识点三 对橡塑模具材料的性能要求

根据各类橡塑成型模具的工作条件和失效形式,橡塑模具材料应满足下列性能要求:

1)对使用性能的要求

①合适的强度与韧性,使模具能承受开模力、熔体压力、锁模力的作用而不发生变形和开裂。

②足够的硬度与耐磨性,使模具型腔表面有足够的耐磨损能力。橡塑成型模具的硬度通常在 38~55 HRC 范围内。形状简单、抛光性能要求高的模具,硬度可取高些;反之,硬度可取低些。

③良好的耐腐蚀性能,以抵御 HCL,SO_2,HF 等腐蚀性气体的侵蚀。

④良好的耐热性和尺寸稳定性,模具材料应有稳定的组织和低的热膨胀系数。

⑤材料应高度纯净,组织均匀致密,无网状及带状碳化物,无孔洞、疏松及白点等缺陷。

2)对加工工艺性能的要求

①良好的机械加工性能。塑料模具型腔大多比较复杂,型腔表面质量要求高,难加工的部位特别多,因此,模具材料应具有优良的切削加工性能和磨削加工性能。对于较高硬度的预硬化塑料模具钢,为了改善其可加工性,常在钢中加入 S,Pb,Ca,Se 等元素,从而得到易切削预硬化钢。

②良好的镜面加工性能和表面装饰纹加工性能。塑料制品的表面粗糙度主要取决于模具型腔的表面粗糙度。一般塑料模型腔面的表面粗糙度在 $Ra\,0.16~0.08\ \mu m$,表面粗糙度低于 $Ra\,0.5\ \mu m$ 时可使镜面光泽,尤其是用于透明塑料制品的模具,对模具材料的镜面抛光性能要求更高。镜面抛光性能不好的材料,在抛光时会形成针眼、空洞和斑痕等缺陷。模具的镜面抛光性能主要与模具材料的纯洁度、硬度和显微组织等因素有关。硬度高、晶粒细,有利于镜面抛光;硬脆的非金属夹杂物、宏观和微观组织的不均匀性,则会降低镜面抛光性能。因此,镜面模具钢大多采用经过电渣熔炼、真空熔炼或真空除气的超洁净钢。

③应具有良好的热加工性能,淬透性高,热处理变形小,尺寸稳定性好。热处理后具有高的强韧性、硬度和耐磨性,等向性能好。

④焊接修补方便。在模具制造完毕后不得不变更制品设计方案,塑料模在使用中磨损需要修复时,常采用焊补的方法,因此,要求模具材料应具有较好的焊接性能。

⑤良好的电加工性能,电加工时不会产生电加工硬化层。模具材料在电加工过程中有时

会出现一般机械加工不会出现的问题。例如,有的模具材料电火花加工后,表面会留下 5~10 μm 深的沟纹,使加工面的表面粗糙度变大。有些材料线切割时会出现炸裂,产生较深的硬化层,增加了抛光硬度。因此,模具材料必须要有良好的电加工性能。

任务二　塑料模具材料及热处理

由于不同的塑料制品对模具材料有不同的性能要求,在不少国家已经形成了专用的塑料模具钢系列。目前,模具材料仍以钢材为主,但根据塑料的成型工艺条件,也可采用低熔点合金、低压铸铝合金、铍铜等其他模具材料。

1) 模具钢

对塑料模具钢使用性能的要求并不是很高,但是,必须保证塑料模具材料具备优良的工艺性能,特别是对于制造大型、复杂、高精度的塑料模具更为重要。因此,近年来为了适应塑料成型加工业发展的需要,初步形成了塑料模具钢系列,制订了专用的技术条件和标准。经过国内多年来的研制和吸收国外的先进经验,形成的橡塑模具钢已经分别纳入下列有关技术标准中:

①国家标准 GB/T 1299—1985 合金工具钢。

②机械行业标准 JB/T 6057—1992 塑料模具成型部分用钢及其热处理。

③冶金行业标准 YB/T 094—1997 塑料模具用扁钢。

④冶金行业标准 YB/T 107—1997 塑料模具用热轧厚钢板。

⑤冶金行业标准 YB/T 129—1997 塑料模具用模块。

根据需要,塑料模具也可以借用其他标准的一些钢种来制造。例如:

①GB/T 1299—1985 合金工具钢中的冷作模具钢和无磁钢可用于制作最终淬硬的高耐磨塑料模具,如 Cr4W2MoV,6Cr4W3Mo2VNb,6W6Mo5Cc4V,5Cr4Mo3SiMnVAl,7Mn15Cr2AJ3V2WMo 钢。

②JB/T 6057—1992 冲模用钢及其热处理中的微变形高耐磨钢 7CrSiMnMoV 钢。

2) 非铁合金

有色合金的导热性好,制模容易,成本低。可选用国家标准中有关铸造或锻造的铜基、铝基、锌基合金。

3) 钢结硬质合金

钢结硬质合金具有较高的硬度和耐磨性,韧性比硬质合金好,价格也比硬质合金低,但仍比合金工具钢昂贵得多,而且韧性也比合金工具钢低,因此,钢结硬质合金作为橡塑模具材料,主要用于要求特别耐磨的玻璃纤维增强塑料成型模具等,可按 GB/T 10417—1989 碳化钨钢结硬质合金选用。随着科学技术的不断进步,钢结硬质合金的质量和性能将会有进一步的提高。

4) 镍基合金

镍基合金非常耐蚀、耐磨,但价格较贵,可根据 GB/T 150007—1994 耐蚀合金牌号选用。

知识点一　渗碳型橡塑模具钢

渗碳型橡塑模具钢的塑性好,主要用于冷挤压成形的橡塑模具,无须进行切削加工,对于大批量生产同一形状的模具很有利。它可缩短模具的制造周期、降低成本,而且模具的互换性好。为了便于冷挤压成形,这类钢在退火状态必须有高的塑性和小的变形抗力,冷加工硬化效应不明显。成形复杂型腔时,要求退火硬度≤100 HBS;成形浅型腔时,要求退火硬度≤160 HBS。因此,对这类钢要求有低的碳含量,一般$\omega_c = 0.10\% \sim 0.25\%$;钢中的部分合金元素使铁素体产生固溶强化,因此,需要加以选择和限制,其中铬、镍是比较理想的元素。常用渗碳型橡塑模具钢有20,20Cr,12CrNiZ,iZCrNi3,12Cr2Ni4,20Cr2Ni4,0Cr4NiMoV(LJ)钢等。

1) 12CrNi3 钢

12CrNi3 钢是传统的中淬透性合金渗碳钢,冷成形性能属中等。该钢碳含量较低,加入合金元素镍、铬,以提高钢的淬透性和渗碳层的强韧性,尤其是加入镍,在产生固溶强化的同时,明显提高钢的塑性。该钢的锻造性能良好,锻造加热温度为1 200 ℃,始锻温度1 150 ℃,终锻温度大于850 ℃,锻后缓冷。

为了提高钢的冷成形性,锻后必须进行软化退火。退火工艺为:加热到740~760 ℃,保温4~6 h后以5~10 ℃/h的速度缓冷至600 ℃,再炉冷至室温。退火后的硬度<160 HBS,适于冷挤压成形。

12CrNi3 钢也可用来制造切削加工成形的橡塑模具。为了改善切削加工性能,模坯须经正火处理。正火工艺为:加热到880~900 ℃,保温3~4 h后空冷。正火硬度≤229 HBS,切削加工性能良好。

12CrNi3 钢采用气体渗碳工艺时,加热温度为900~920 ℃,保温6~7 h,可获得0.9~1.0 mm的渗碳层,渗碳后预冷至800~850 ℃直接油冷或空冷淬火,淬火后表层硬度可达56~62 HRC,心部硬度为250~380 HBS。12CrNi3 钢主要用于冷挤压成形复杂的浅型腔塑料模具,或用于切削加工成形大、中型塑料模具。

2) 20Cr2Ni4 钢

20Cr2Ni4 钢为高强度合金渗碳钢,有良好的综合力学性能,其淬透性、强韧性均超过12CrNi3 钢。该钢锻造性能良好,锻造加热温度为1 200 ℃,始锻温度1 150 ℃,终锻辊度大于850 ℃,锻后缓冷。

20Cr2Ni4 钢如在锻后出现晶粒粗大时,即使经正火及随后渗碳加热,在淬火后仍将得到粗大的马氏体组织。而且,当表面碳含量较高时,还易于在粗大奥氏体晶粒的晶界上形成碳化物网。对于此类钢,如锻后发现晶粒粗大,可以用下列热处理工艺加以改善:先在640~670 ℃回火6 h后空冷,以消除锻造后的残余应力,然后以大于20 ℃/min的速度加热到880~940 ℃,空冷,再在650~770 ℃回火,以获得均匀细小的珠光体和少量铁素体组织。

3) OCr4NiMoV(LJ) 钢

LJ 钢为冷挤压成形橡塑模具专用钢。LJ 钢的碳含量极低,塑性优异,变形抗力低,其冷挤压成形性能与工业纯铁相近,冷挤压成形的模具型腔轮廓清晰、光洁、精度高。钢中的主要元素为Cr,辅加元素为Ni,Mo,V等,合金元素的主要作用是提高钢的淬透性,提高渗碳层的硬度、耐磨性和心部强度。

LJ 钢具有良好的锻造性能和热处理工艺性能。锻造加热温度为1 230 ℃,始锻湿度为1 200 ℃,终锻温度为900 ℃。退火加热温度为880 ℃,保温2 h,随炉缓冷至650 ℃出炉空冷,退火硬度为100~105 HBS。

LJ 钢的渗碳速度快,比20 钢快一倍。固体渗碳加热温度为930 ℃,保温6~8 h,渗后在850~870 ℃油中淬火,在200~220 ℃回火2 h,回火后表面硬度为58~60 HRC,心部硬度为

27~29 HRC,热处理变形小。LJ 钢主要用来冷挤压成形精密塑料模具,由于渗碳层深度较大,不会出现型腔表面塌陷和内壁咬伤的现象,使用效果良好。

知识点二　预硬型橡塑模具钢

预硬型橡塑模具钢是指将热加工的模块,预先调质处理到一定硬度(一般分为 10 HRC,20 HRC,30 HRC,40 HRC 4 个等级)供货的钢材,待模具成形后,不需再进行最终热处理就可直接使用,从而避免由于热处理面引起的模具变形和开裂,这种钢称为预硬化钢。预硬化钢最适宜制作形状复杂的大、中型精密塑料模具。常用的预硬型橡塑模具钢有 3Cr2Mo(P20),3Cr2NiMo(P4410),P20BSCa,P20SRe,P20S,5NiSCa,SM1,8Cr2MnWMoVS,4Cr5MoSiVI(H13)钢等。

预硬化钢的使用硬度一般在 30~42 HRC 范围内,切削性较差。为了减少机加工工时、延长刀具寿命、降低模具成本,国内外都研制了一些易切削预硬化钢,即加入 S,Pb,Se,Ca 等合金元素,以改善钢的切削加工性能。

1)3Cr2Mo(P20)系列钢

(1)3Cr2Mo 钢

3Cr2Mo 钢是目前 GB/T 1299—1985 中唯一的专用塑料模具钢。该钢与美国通用型塑料模具钢 P20 是同类型钢,具有高的纯洁度,镜面抛光性好,力学性能均匀。该钢含有合金元素铬、钼,故淬透性较好,通常采用调质预硬处理,预硬硬度一般为 30~36 HRC。

将 3Cr2Mo 钢调质到 30 HRC 以上的硬度,进行机械加工,然后进行抛磨,可达到 $Ra=0.05 \sim 0.10 \ \mu m$ 的镜面要求。3Cr2Mo 钢价廉物美,主要用于制造中、小型橡塑模具,如黑白电视机、大型收录机的外壳和洗衣机面板盖等塑料成型模具。该钢在成形加工后,还可进行镀铬、渗碳、渗氮、气相沉积等表面处理,以提高模具型腔表面的耐磨性。

近年来,国内有关单位在 3Cr2Mo 钢的基础上,研究开发了一系列模具材料,如 3Cr2NiMo(P4410),P20BSCa,P20SRe,3Cr2MnMo(G2943),3Cr2NiMnMo(G2942),3Cr2NiMnMoV(C2941),P20S,P20Ca 等,初步形成了 3Cr2Mo(P20)系列钢。

(2)3Cr2NiMo(P4410)钢

3Cr2NiMo 钢是 3Cr2Mo 钢的改进型,是在 3Cr2Mo 钢的基础上添加 0.8%~1.2%(质量分数)的镍而制成的钢种,以提高钢的淬透性、强韧性和耐腐蚀性。国内研制的 P4410 钢的成分,与瑞典生产的 P20 钢改进型钢号 718 一致。截面厚度为 250 mm 的钢坯经 860 ℃ 加热淬火后,整个截面的硬度均匀,均为 45 HRC。

P4410 钢有较高的纯洁度,组织致密,镜面抛光性能好,粗糙度可达 Ra 0.01~0.05 μm。经预硬化到 32~36 HRC 后,具有良好的车、铣、磨等切削加工性能。

P4410 钢可采用火焰局部加热到 800~825 ℃,在室气中自然冷却或压缩空气冷却,使局部表面的硬度达到 56~62 HRC,以延长模具的使用寿命。也可对模具进行表面镀铬,表面硬度从 370~420 HV 提高到 1 000 HV,显著提高模具的耐磨性和耐蚀性。该钢的焊接工艺性良好,可进行焊补修复。该钢主要用于预硬截面厚度要求大于 250 mm 的橡塑成型模具。

2)Y5SCrNiMnMoV(SMI)钢

Y55CrNiMnMoV 钢属含硫系易切削预硬塑料模具钢,经预硬处理后,硬度一般为 35~40 HRC。在此硬度下,SMI 钢具有高的强韧性、优良的切削加工性和镜面抛光性能,模具加工成形后可不再热处理而直接使用。此钢还具有较好的耐蚀性和可渗氮等优点,广泛用于制造高精度橡塑成型模具,如录音机外壳模、洗衣机外壳模、继电器组合件注射模等。

SMI 钢的碳、铬含量较低,具有比较好的锻造性能,锻造加热温度为 1 150 ℃,始锻温度为 1 050 ℃,终锻温度≥850 ℃,锻后需进行球化退火。等温球化退火工艺为:缓慢升温到 810 ℃ 左右,保温 2~4 h,冷却到 680 ℃ 等温 4~6 h,炉冷到 550 ℃ 出炉,淬火硬度为 200 HBS。SMI 钢的淬火加热温度为 800~860 ℃,淬火硬度为 58 HRC,回火温度为 620 ℃,回火硬度为 35~40 HRC。

3)5CrNiMnMoVSCa(5NiSCa)钢

5NiSCa 钢是我国研制的高效新钢种,属于硫、钙复合系易切削预硬型橡塑模具钢。该钢不仅具有良好的切削加工性,而且镜面抛光性也好,蚀刻花纹图案清晰逼真,并在使用中有较强的保持模具镜面的能力。

5NiSCa 钢经 880 ℃ 加热油淬、600 ℃ 回火的预硬处理后,硬度为 36~48 HRC,具有优良的综合力学性能、耐磨性能、等向性能、切削加工性能和镜面抛光性能,表面粗糙度可达 Ra 0.05~0.025 μm。抛光后的模具,置于大气中容易锈蚀氧化,应及时进行镀铬或渗氮处理,既能保护型腔表面,又能提高表面硬度和耐磨性。5NiSCa 钢在高硬度(50 HRC 以上)仍具有高的韧性及止裂能力,且变形小。

5NiSCa 钢的锻造预热温度为 800 ℃,锻造加热温度为 1 100 ℃,始锻温度为 1 070~1 100 ℃,终锻温度为 850 ℃,锻后砂冷。此钢锻造变形抗力小,塑性良好,容易锻造。

5NiSCa 钢可用于制作型腔复杂,精密的大、中、小型注射模具,橡胶模具和压塑模具,例如,收录机、洗衣机等塑料模具,模具质量和使用寿命超过 P20 钢,接近进口模具的先进水平。如录音机上的磁带门仓,用透明塑料压制而成。这种塑料对模具型腔、型芯的表面粗糙度要求很高,过去依靠进口日本产 NAK55 及 S136 镜面钢,现将 5NiSCa 钢预硬处理到 40~42 HRC 后制造模具,使用效果良好,模具质量和使用寿命超过了进口钢材,从而解决了国内对易切削高精度预硬型模具钢的要求。

4)8Cr2MnWMoVS(8Cr2S)钢

8Cr2S 钢是我国研制的硫系易切削预硬化高碳钢,该钢不仅用来制作精密零件的冷冲压模具,而且经预硬化后还可以用来制作塑料成型模具。此钢具有高的强韧性、良好的切削加工性能和镜面抛光性能,具有良好的表面处理性能,可进行渗氮、渗硼、镀铬、镀镍等表面处理。

SCr2S 钢的锻造性能良好,锻造加热温度为 1 100~1 150 ℃,始锻温度为 1 060 ℃,终锻温度≤900 ℃。锻造后,MnS 沿锻轧方向延伸成条状。等温球化退火工艺为:790~810 ℃ 加热 2 h,然后冷到 700 ℃ 再保温 6~8 h,炉冷到 550 ℃ 出炉,退火硬度≤229 HBS,退火组织为细粒状珠光体。

8Cr2S 钢的淬火加热温度为 860~920 ℃,油冷淬火、空冷淬火或在 240~280 ℃ 硝盐中等温淬火都可以。直径 100 mm 的钢材空冷淬火可以淬透,淬火硬度为 62~64 HRC。回火温度可在 550~620 ℃ 温度范围内选择,回火硬度为 40~48 HRC。因加有 S,预硬硬度为 40~48 HRC 的 8Cr2S 钢坯,其机械加工性能与调质到 30 HRC 的碳素钢相近。

5)空冷 12 钢和 Y82 钢

空冷 12 钢属 Mn-B 系中高碳空冷贝氏体钢。具有良好的淬透性,在热锻或热轧后(终锻轧 900 ℃)空冷自硬化,再经低温回火,获得高强度、高硬度(≥50 HRC)的细化 B/M 复相组织,变形极小,并能保持高的抛光性。生产工艺简单、节能、成本低(因省去了淬火重新加热程序)、模具寿命长。

Y82 钢属 Mn-B-S-Ca 系中碳低合金易切削空冷预硬型贝氏体钢。采用少量 Mn,B 合金化,空冷即可获得 B/M 复相组织,具有优良的强韧性和淬透性。Y82 钢加入适量的易切削元素 S 和 Ca,改善了夹杂物的形态,提高了 Y82 钢的切削加工性能和抛光性能。Y82 钢可以在预硬状态下加工成形,并可抛光至镜面,其特性与上述的空冷 12 钢相似。它在热成形后空冷,再经中温回火,获得硬度约 40 HRC 及良好的强韧性配合。可用于电视机壳等模具。

Y82 钢可完全满足预硬型橡塑模具钢的各种要求,适用于制造要求硬度为 30~45 HRC 的高精度橡塑模具。

知识点三　整体淬硬型橡塑模具钢

用于压制热固性塑料、复合强化塑料(如尼龙型强化或玻璃纤维强化塑料)产品的模具,以及生产批量很大、要求模具使用寿命很长的塑料模具,一般选用高淬透性的冷作模具钢和热作模具钢材制造。这些材料通过最终热处理,可保证模具在使用状态具有高硬度、高耐磨性和长的使用寿命。用于制造塑料模具的冷作模具钢主要有 T10A,9Mn2V,9SiCr,CrWMn,9CrWMn,Cr12,Cr12MoV,Cr12Mo1V1,7CrSiMnMoV,GCr15 钢等。

与冷作模具钢比较,热作模具钢的韧性好,淬透性高,回火稳定性高,因此可以进行渗氮,从而大大地提高模具表面的耐磨性,更适合制造要求高温固化的塑料成型模具。常用于制造塑料模具的热作模具钢有 5CrNiMo,5CrMnMo,4Cr5MoSiV,4Cr5MoSiV1,5CrW2Si 钢等。

这类材料由于淬透性高,如 4Cr5MoSiV,4Cr5MoSiVI,4Cr5MoSiVS(H11+S)钢,当钢材截面尺寸小于 150 mm 时,用空冷淬火就可以获得较高的硬度,从而有效地减少模具的热处理变形量,适宜制造复杂、精密的塑料成型模具。

热作模具钢的最终热处理一般采用淬火加高温回火,使基体获得回火托氏体或回火索氏体组织,以保证钢材具有较高的韧性。

知识点四　耐腐蚀型橡塑模具钢

在生产以聚氯乙烯、聚苯乙烯添加阻燃剂为原料的塑料制品时,模具材料必须具有一定的耐腐蚀性能。常用来制作塑料模具的耐蚀钢有 3Cr13,4Cr13,9Cr18,Cr18MoV,Cr14Mo,Cr14Mo4V,1Cr17Ni2 等不锈钢和马氏体时效不锈钢。

1) 高碳高铬型耐蚀钢

常用于制作塑料模具的高碳高铬型耐蚀钢有 9Cr18,Cr18MoV,Cr14Mo,Cr14Mo4V,PCR,AFC-77,4Cr13,1Cr17Ni2 钢等。

高碳高铬耐蚀钢属于莱氏体钢,必须通过锻造使粗大碳化物均匀分布。钢坯的锻造加热温度为 1 100~1 130 ℃,始锻温度为 1 050~1 080 ℃,终锻温度为 850~900 ℃。锻后砂冷或灰冷。

为降低锻造后的硬度,改善切削加工性能,并为淬火作好组织准备,锻后应进行球化退火,退火组织为粒状珠光体和均匀分布的粒状碳化物,退火硬度为 179~255 HBS。

2) 中碳高铬型耐蚀钢——4Cr13

4Cr13 属于马氏体不锈钢,严格地讲,只能耐大气和水蒸气腐蚀。在热处理后能获得较高的硬度和耐磨性,可用于制造要求一定耐蚀性能的塑料模具。

4Cr13 的软化处理,可以采用在 750~800 ℃温度进行高温回火 2~6 h,也可采用在 875~900 ℃温度保温 1~2 h,以 15~20 ℃/h 的速度冷至低于 600 ℃出炉空冷,退火硬度为 170~200 HBS。

4Cr13 钢的淬火温度一般选择在 1 040~1 060 ℃。4Cr13 钢通常在两种回火状态下使用,当要求高硬度和高耐蚀性时可在 200~350 ℃温度回火;当要求强度、塑性和冲击韧度有最佳配合,且耐蚀性又较高时,则采用 650~750 ℃回火。

3) 低碳铬镍型耐蚀钢——1Cr17Ni2

1Cr17Ni2 钢属于马氏体型不锈耐酸钢,对于氧化酸类、盐类的水溶液有良好的耐蚀性。1Cr17Ni2 钢具有较高的强度和硬度,而且耐蚀性能比 4Cr13 好,缺点是有脆性倾向,焊接性较差。

1Cr17Ni2 钢的淬火温度一般为 1 000 ℃。与 4Cr13 不锈钢一样,也是在淬火后低温回火或高温回火具有最好的耐腐蚀性能。淬火后经 250~300 ℃回火,基体组织为回火马氏体,钢的强度、硬度较高,耐磨性好,而且具有高的耐蚀性能。高温回火温度为 600~700 ℃,钢的基体组织为回火索氏体,具有较好的强度与韧性配合,而且也具有较高的耐蚀性能。

4)0Cr16Ni4Cu3Nb(PCR)钢

PCR 钢是一种马氏体沉淀硬化型不锈钢,因碳含量低,耐腐蚀性和焊接性都优于马氏体型不锈钢,而接近奥氏体不锈钢。PCR 钢热处理工艺简单,经 1 050 ℃固溶处理后空冷可获得单一的板条马氏体组织,硬度为 32~35 HRC,具有良好的切削加工性能。经 460~480 ℃时效处理后,由于马氏体基体析出富铜相,使强度和硬度进一步提高,达 44 HRC,同时获得较好的综合力学性能。

PCR 钢经时效处理后,工件仅有微量变形,其抛光性能良好,抛光后在 300~400 ℃进行 PVD 表面离子镀处理,可获得高于 1 600 HV 的表面硬度。因此,PCR 钢适于制造要求高耐磨、高精度和耐腐蚀的塑料成型模具,如氟塑料、加阻燃剂塑料、聚氯乙烯塑料成型模具。

知识点五　时效硬化型橡塑模具钢

对于复杂、精密、高寿命的塑料模具,模具材料在使用状态必须有高的综合力学性能,为此,必须采用最终热处理。但是,采用一般的最终热处理工艺,往往导致模具的热处理变形,模具的精度很难达到要求。而时效硬化型橡塑模具钢在固溶处理后变软(一般为 28~34 HRC),可进行切削加工,待冷加工成型后进行时效处理,可获得很高的综合力学性能,时效热处理变形很小。而且这类钢一般具有焊接性能好以及可以进行渗氮等优点,适于制造复杂、精密、高寿命的塑料模具。

时效硬化型橡塑模具钢主要包括两种类型,即马氏体时效钢和析出硬化型钢。

1) 马氏体时效钢

自 1959 年马氏体时效钢出现以来,由于这类钢具有高的强度/密度比、良好的可加工性和焊接性,以及简单的热处理制度等优点,立即受到航空工业的高度重视,得到了迅速的发展。其中最为典型的钢号是 18Ni 马氏体时效钢,它们的屈服强度级别为 1 400~3 500 MPa,典型牌号有 18Ni(200),18Ni(250),18Ni(300),18Ni(350),06Ni6CrMoVTiAl 等。对于模具而言,所要求钢材具备的性能比航空工业低，对冶金质量及性能的要求可适当降低，并为此发展了一些低钴、无钴、低镍的马氏体时效钢，如 06Ni6CrMoVTiAl 钢，从而使钢材的成本大幅度下降。

马氏体时效钢是不同于常规钢种的超高强度钢，它不是由于碳含量而强化的，这种钢是由于很低碳含量的马氏体基体时效硬化时，发生金属间化合物沉淀而强化的，强度与淬透性无关。事实上，碳在马氏体时效钢中是杂质，要控制在尽可能低的范围内。马氏体时效钢在冷却时奥氏体转变为马氏体，在达到 Ms 温度和形成马氏体以前没有相变。大工件即使很慢冷却也只产生马氏体，不会出现大尺寸截面淬透性不足的问题。马氏体时效钢的热处理工艺见表 4-2。

表 4-2　马氏体时效钢的热处理工艺

钢　号	热处理	抗拉强度 σ_b/MPa	屈服强度 σ_s/MPa	50 mm 标距内伸长率 δ_s/%	断面收缩率 Ψ/%	断裂韧度 α_k /(MPa·m$^{1/2}$)
18Ni(200)	820 ℃固溶 1 h，480 ℃时效 3 h	1 500	1 400	10	60	155~200
18Ni(250)	820 ℃固溶 1 h，480 ℃时效 3 h	1 800	1 700	8	55	120
18Ni(300)	820 ℃固溶 1 h，480 ℃时效 3 h	2 050	2 000	7	40	80
18Ni(350)	820 ℃固溶 1 h，480 ℃时效 2 h	2 450	2 400	6	25	35~50
06Ni6CrMoVTiAl	850 ℃固溶 1 h，520 ℃时效 6 h					

马氏体时效钢固溶处理后的硬度很低，一般在 28 HRC 左右，可以进行切削加工，而时效的温度较低，对模具表面质量的影响不大。

06Ni6CrMoVTiAl 钢，代号 06Ni，属低镍马氏体时效钢，价格比 18Ni 类马氏体时效钢低得多，此钢的突出优点是热处理变形小。经 850 ℃固溶处理 1 h 后硬度为 25~28 HRC，具有良好的切削加工性能和抛光性能。06Ni 钢固溶处理后，采用的冷却方式不同，对固溶及时效硬度的影响很大。如固溶后空冷，硬度为 26~28 HRC，油冷硬度为 24~25 HRC，水冷硬度为 22~23 HRC。固溶后的冷却速度越快，硬度越低，但时效后的硬度却越高。

时效工艺为 500~540 ℃时效 4~8 h。一般采用 520 ℃时效 6 h，硬度为 43~48 HRC，组织为板条马氏体加析出的强化相 Ni$_3$Al，Ni$_3$Ti，TiC，TiN，具有良好的综合力学性能和一定的耐蚀性能，并可以进行渗氮、镀铬。

06Ni 钢已分别应用在化工、仪表、轻工、电器、航空航天和国防工业部门，用以制作磁带盒、照相机、电传打字机等零件的塑料模具，均收到良好的效果。制作的磁带盒塑料模具使用寿命可达 200 万次以上，产品质量可与进口模具生产的产品相媲美。

2) 析出硬化型时效钢

析出硬化型时效钢也是比较新型的钢种之一，它所含的合金元素比马氏体时效钢少，特别是镍含量少得多。材料也是在固溶处理状态下，硬度为 30 HRC 左右，可以进行切削加工，制成模具后再进行时效处理,使硬度达到 40 HRC 左右,而时效变形量很小,在 0.01%左右,适宜制造高硬度、高强度和高韧性的精密塑料模具。典型钢号有 25CrNi3MoAl,10Ni3MnCuAlMo(PMS),Y20CrNi3AlMnMo(SM2),P21 等。

固溶处理的目的在于得到细小的板条马氏体,以提高钢的强韧性;固溶淬火后的马氏体硬度较高,为降低钢的硬度,需进行高温回火,而高温回火工艺的选择,既要使马氏体充分分解,又要避免 NiAl 相的脱溶析出。钢材的最终性能是通过时效处理得到的,为了使析出硬化钢在时效过程中脱溶 NiAl 相而强化,必须在 NiAl 相脱溶温度范围内进行时效处理。

（1）25CrNi3MoAl 钢

25CrNi3MoAl 钢为低 Ni 无 Co 型 Ni-Mo-Al 系析出硬化型马氏体时效钢,适于制造变形率要求在 5%以下、镜面要求高或表面要求光刻花纹的普通及精密塑料模具,经软化处理后,可通过冷挤压成形。

25CrNi3MoAl 钢的特点是含镍量低,价格远低于马氏体时效钢,也低于超低碳中合金时效钢。调质硬度为 230~250 HBS,有良好的切削加工性能和电加工性能,时效硬度为 38~42 HRC,时效变形可控制在 0.05%范围内。镜面研磨性好,表面粗糙度 Ra 可达 0.2~0.025 μm,表面光刻侵蚀性好,光刻花纹清晰。焊接修补性好,时效后焊缝硬度和基体硬度相近。

用作一般精密塑料模具时的热处理工艺为:经 880 ℃ 固溶处理后水淬或空冷,硬度为48~50 HRC;再经 680 ℃×5 h 回火,硬度为 22~23 HRC;加工成形后经 540 ℃×6 h 时效处理,硬度为 39~42 HRC,时效变形率约为−0.039%,经研磨或光刻花纹后装配使用。由于析出硬化钢的时效温度范围与渗氮温度范围相当,故时效处理与渗氮处理可以同时进行,从而提高模具表面的耐磨性和抗咬合能力。

用作高精密塑料模具时,加工工艺基本与上述工艺相同,只是在粗加工和半精加工后,进行一次 650 ℃保温 1 h 的去应力处理,时效变形率仅为 0.01%~0.02%。

（2）10Ni3MnCuAlMoS（PMS）钢

PMS 钢属马氏体析出硬化型镜面塑料模具钢,此钢采用低的含碳量,在热处理时析出 NiAl,CuA1,CuNi 等弥散的金属间化合物,获得所需的硬度。PMS 钢具有良好的锻造性能,锻造加热温度为 1 130~1 160 ℃,始锻温度为 1 100~1 120 ℃,终锻温度>850 ℃,锻后灰冷。锻后不必退火,即可进行机械加工。

PMS 钢的固溶加热温度为 840~900 ℃,一般选用 870 ℃×1 h 固溶处理后空淬,硬度 30~35 HRC,具有良好的冷热加工性能,在零件制作成形后,经 490~500 ℃时效处理,硬度在 45 HRC左右,具有良好的综合性能和镜面加工性能,且变形极小。PMS 钢中含有一定量的 Al,因此,特别适宜于进行表面渗氮或氮碳共渗处理,处理后的硬度可达 1 000 HV 以上,其时效温度与渗氮温度相近,故渗氮时可同时进行时效处理。用于要求有高镜面要求的精密模具,是理想的光学透明塑料制品的成型模具材料。

PMS 钢还具有良好的焊接性能,补焊区域硬度为 30 HRC 左右,可以进行机械加工;钢中不含 S 等易切削元素,补焊时没有 SO_2 气体逸出;补焊质量优良,为模具补焊修复提供了方便。含碳量在下限时,PMS 钢实际上是一种 Fe-Ni-Al-Cu 合金,可以挤压成形,对于形状复杂的模具,这一优点显得特别重要。

PMS 钢表面经机械加工和抛光后,表面粗糙度 $Ra \leqslant 0.05$ μm,抛磨时间较 45 钢可缩短 50%,而表面质量比 45 钢高 1 倍。并且表面洁净耐蚀,无针孔斑块缺陷,图案蚀刻性能绝佳。

PMS 钢表面耐蚀性高,在盐酸溶液中加热沸腾时,有极好的耐蚀性能,腐蚀率只有 2Cr13 钢的 1/8~1/6。

（3）Y20CrNi3AIMnMo（SM2）钢

SM2 钢属含硫系中合金时效硬化易切削预硬钢,它具有良好的综合力学性能和加工工艺性能、优良的镜面抛光性能,可渗氮,用于高精度模具。

SM2 钢中加入 Al,在时效时可以析出硬化相 Ni₃Al。加入 Cr 的主要作用是提高钢的淬透性,因此,SM2 钢比 PMS 钢的淬透性稍高,加入 S 和 Mn,可以形成易切削相 MnS,因此,SM2 钢的切削性能优于 PMS 钢。

SM2 钢的锻造工艺与 SMI 钢相同,锻后不必退火。SM2 钢的固溶加热温度为 870~930 ℃,一般选 900 ℃×2 h 固溶处理后油冷,硬度为 42~45 HRC,700 ℃×2 h 高温回火后油冷,硬度为 28 HRC,具有良好的切削加工性能,加工成形后经 500~520 ℃时效处理,硬度为 40 HRC。对于要求型腔表面光洁、精度较高的模具,可在此硬度下进行精加工,抛光表面。

SM2 钢具有良好的渗氮、氮碳共渗、离子渗氮、氧氮共渗工艺性能。SM2 钢已在纱管模、三角尺模、牙刷模、相机模、玩具模、线路板模等方面得到了广泛应用,完全可以取代进口材料。

知识点六　其他塑料模具材料

1) 铜合金

用于塑料模具材料的铜合金主要是铍青铜,如 ZCuBe2,ZCuBe2.4 等。一般采用铸造方法制模,不仅成本低,周期短,而且还可制出形状复杂的模具。铍青铜可通过固溶—时效强化,固溶后合金处于软化状态,塑形较好,便于机械加工。经时效处理后,合金的抗拉强度可达到 1 100~1 300 MPa,硬度可达到 40~42 HRC。铍青铜适于制造吹塑模、注射模等,以及一些高导热性、高强度和高耐腐蚀性的塑料模。利用铍青铜制造模具可以复制皮革纹和木纹。可以用样品复制人像或玩具等不规则的成型面。

2) 铝合金

铝合金的密度小,熔点低,加工性能和导热性能都优于钢,其中制造铝硅合金还具有优良的铸造性能,因此,在有些场合可以铸造铝硅合金来制造塑料模具,以缩短制模周期,降低制模成本。常用的铸造铝合金牌号有 ZL101 等。它适于制造要求高导热率,形状复杂和制造周期短的塑料模具。变形铝合金 LC9 也是用于塑料制造的铝合金之一,由于它的强度比 ZL101 高,可以制造要求强度较高且有良好导热性能的塑料模。

3) 锌合金

用于制造塑料模的锌合金大多为 Zn-4Al-3Cu 共晶型合金。它的熔点低,可用多种方法铸造成形,模具复制性好,用经过修理的凸模作型芯,可直接铸出精密高的凹模;锌合金易切削,易修饰加工,并且有独特的润滑性和抗黏附性,因此,用锌合金拉深模制造的零件表面不易出现缺陷;用锌合金制造模具,周期短,成本相当于钢模的 1/8~1/4,主要用来制作热塑性塑料模。锌合金的不足之处是高温强度较差,易于老化,因此,锌合金塑料模长期使用后易出现变形甚至开裂。

用于塑料模具的锌合金还有铍锌合金和镍钛锌合金。铍锌合金有较高的强度 (150 HBS),耐热性好,所制作的注射模的寿命可达几万至几十万件。镍钛锌合金由于镍、钛的加入,可使强度、硬度提高,从而使模具寿命成倍增长。

4)超塑性合金

塑形模常用的超塑性合金是 ZnZl122 合金。利用超塑性合金制造模具的优点是能在低变形抗力下制造大尺寸的模具型腔,能以高效率进行精密加工,以及能以低成本完成高难度加工。超塑性合金在制造模具前,要经过超塑性处理。ZnZl122 的超塑性处理工艺方法是:将合金缓慢加入 360 ℃保温 1 h 后,放入冷盐水中急冷至室温,再加热到超塑性温度(250 ℃)进行超塑性成形,此时合金的伸长率可达 1 500%以上。超塑性成形后的模具零件(型腔或型芯等)要经强化处理,以恢复常温下的力学性能。ZnZl122 合金的强化处理工艺为:330 ℃左右保温 2 h,空冷至室温。经强化处理后,其抗拉强度 σ_b 可达 390 ~ 420 MPa,硬度可达 84 ~ 110 HBS,而且韧性也较好。

用于塑料膜的超塑性合金还有 ZnZl114-1,HPb59-1 等合金。超塑性合金适用于制作形状复杂、负荷不大的注射模、吹塑模、乳胶发泡成型模等。

任务三　塑料模具材料及热处理方法的选用

塑料模具结构和形状比较复杂,制造成本较高,为了保证模具较长的使用寿命,合理地选用模具材料品种,正确选择和实施模具的热处理方法极为重要。

知识点一　塑料模具材料的选用

1)塑料模成型件的材料选用

(1)非合金塑料模具钢的选用

对于生产批量不大,没有特殊要求的小型塑料成型模具,可采用价格便宜,加工性能好,来源方便的碳素结构钢(如 45,50,55 钢和 20,15 钢),碳素工具钢(如 T8,T10 钢)制造。为了保证塑料模具具有较低的表面粗糙度,有时对制造塑料模的碳素结构钢和碳素工具钢的冶金质量提出一些特殊要求,有时对钢材的有害杂质含量、低倍组织等提出较为严格的要求。

其中,碳素工具钢主要用于制造要求耐磨性较高的小型热固性塑料成型模具,由于碳素工具钢的淬透性低,淬回火后,模具表面硬度很高,具有良好的耐磨性,而中心区域硬度较低,具有良好的韧性。

碳素结构钢中的低碳钢,经过渗碳淬火回火后使用,表面渗碳层淬回火后硬度高、耐磨性好,中心部分仍具有良好韧性。多用于制造热固性塑料成型的小型玩具。

(2)渗碳型塑料模具钢的选用

渗碳型塑料模具钢的碳含量一般为 0.1% ~ 0.2%,硬度低,切削加工性好,塑性好,可以采用冷加压方法用淬硬的凸模在渗碳型塑料模具钢制件上直接压制出型腔来,省去型腔的切削加工,对于成批生产一种模具是十分经济的工艺方法。模具加工后经过渗碳、淬火、低温回火后,具有高硬度、高耐磨性的面积和韧性良好的心部组织,可用于制造各种要求耐磨性良好的模具。

但是上述热处理工艺比较复杂,有可能产生较大的热处理变形,因此,一般用于制造小型的、形状比较简单的模具。

这类钢常用的有 15,20 钢。但由于其淬透性低、心部的强度低,不得不采用水等冷却能力很强的淬火介质淬火,容易产生严重的热处理变形等缺陷。为了解决这一问题,采用各种合金渗碳钢,如 20Cr,12CrNi2,12CrNi3,20CrMnTi 等钢种,这些钢淬透性较好,渗碳后可以采用油淬火,避免严重的淬火变形,热处理后的芯部也具有较高的硬度和强度。可以用于制造形状较复杂的、承受载荷较高的塑料件成型模具。

预硬型塑料模具钢的使用硬度一般为 30~40 HRC,过高的硬度将使预硬钢的可加工性变坏。

常用的预硬塑料模具钢可分为两类:一类是借用合金钢和一些低合金热作模具钢的成熟钢号,如 35CrMo,40CrMo,45CrMo,5CrNiMo,5CrMnMo 等钢种;另一类是结合塑料模具钢单独开发的钢种,常用有 3Cr2Mo(P20),3Cr2NiMnMo,5CrNiMnMoVSCa,8Cr2MnWMoVS 等钢种,当预硬的硬度较高时,为了改善其切削性,往往在这类钢中加入易切削元素,如 S,Pb,Ca 等,可以使钢在高硬度下的可加工性得到显著的改善。

(3)时效硬化型塑料模具钢的选用

对于复杂、精密、长寿命的塑料模具,为了避免其在淬火热处理中产生的变形,发展了一系列的时效硬化型塑料模具钢。

时效硬化型塑料模具钢在固溶处理后硬度很低(一般≤30 HRC),可以很容易地进行切削加工,待加工完成后再进行较低温的时效处理,获得要求的综合力学性能和耐磨性,由于时效热处理的变形量很小,且有规律性,时效处理后不再进行加工,即可得到很高的模具成品。

其主要靠在时效过程中析出的金属化合物进行强化,因此碳含量较低,一般焊接性良好,可以采用堆焊工艺对失效的模具进行修复。为了进一步提高模具的耐磨性,对模具进行渗氮处理。

时效硬化型塑料模具钢又可以分为两种类型:一种是低合金时效硬化模具钢,如我国自行开发的 25CrNi3MoAl 钢,美国的 P21 钢(20CrNiAlV),日本大同特殊钢公司的 NAK55 (15Ni3MnMoAlCuS)等,这类钢固溶处理后,硬度为 30 HRC 左右,时效处理后,由于金属化合物 Ni3Al 脱溶析出而强化,硬度可以上升到 38~42 HR,如果进行渗氮处理,可以使表面硬度达到 1 100 HV 左右,主要用于制造精密复杂的热塑性塑料制件的模具;另一种为合金含量较高的马氏体时效钢,是借用一些超高强度马氏体时效钢,最典型的如 18Ni 钢,主要用于制造使用寿命要求很长的高精度、高表面质量的中、小型复杂的塑料模具。尽管材料费用比一般模具钢高几倍,但是由于模具寿命长、压制的塑料制品精度好,表面粗糙度低,仍在一定的范围内得到运用。典型的高合金马氏体时效钢有 18Ni(250)(00Ni18Co8Mo5TiAl),18Ni(250), (00Ni18Co13Mo4TiAl)等,固溶后形成超低碳马氏体,硬度为 30~32 HRC,时效处理后,由于各种类型间金属化合物的脱溶析出得到时效硬化,硬度可上升到 50 HRC 以上,其在高强度、高韧性的条件下仍具有良好的塑性、韧性和高的断裂韧性。

为了降低材料费用,近年来开发了一些低钴、无钴、低镍的马氏体时效钢,其中,专门设计用于制造塑料模具的钢种是 06Ni6MoVAl 钢,此钢含镍量大幅度下降,固溶处理后硬度为 25~28 HRC,时效处理后硬度可上升到 45 HRC 左右。由于时效时析出相的数量较高合金马氏体时效塑料模具钢少,因此,时效时尺寸变形也较小(一般为 0.02%)(18Ni250 钢为 0.06%, 18Ni350 钢为 0.08%)。这对于控制模具的变形是有利的。这种贵重元素含量较低、价格较低的马氏体时效塑料模具钢,既具有一般高合金马氏体时效钢的特性,可以适应高精度、复杂、高寿命塑料模具的要求,又有较低的价格,是一种有发展前景的钢。

(4)耐蚀型塑料模具钢的选用

生产过程中产生化学腐蚀介质的塑料制品(如聚氯乙烯、含氟塑料、阻燃塑料等)时,模具材料必须具有较好的抗蚀性能。当塑料制品的产量不大、要求不高时,可以采用对模具工作表面镀铬防护,大多数情况下采用相应的耐蚀钢制造塑料模具。由于模具要求有较高的强度、硬度和耐磨性,因此,一般采用中碳或高碳的高铬马氏体不锈钢制造塑料模具,如 3Cr13,4Cr13,4Cr13Mo,9Cr18,Cr18MoV 等钢种。

为了得到满意的综合力学性能和较好的抗蚀性、耐磨性,要对这类钢制成的模具进行淬火、回火处理。其中,对高碳高铬型耐蚀塑料模具钢,如 9Cr18 钢,一般采用 200℃ 左右低温回火处理,以防回火温度过高形成过多的铬碳化物,降低基体组织中铬含量,影响其抗腐蚀性。而对中碳的铬不锈钢,如 4Cr13 钢,由于存在回火脆性倾向,则常采用在 650~700 ℃ 的高温回火处理。通过高温回火还可以使钢中的铬碳化物(Cr,Fe)向 23C6 转变,改善钢中的贫铬区现象,使钢得到较高的耐蚀性和较好的综合力学性能。

其中,高碳高铬的钢号属于莱氏体钢,在铸态组织中常存在着分布不均匀的粗大的一次和二次合金碳化物,必须通过锻轧将其破碎,使其分布均匀,并严格控制终锻和终轧温度,避免钢中沿界析出链状碳化物,影响钢的韧性和塑形。

(5)整体淬硬型塑料模具钢的选用

用于压制热固性塑料,特别是一些增强塑料(如添加玻璃纤维、金属粉、云母等的增强塑料)的模具,以及生产批量很大,要求使用寿命很长的模具,一般采用对模具进行整体淬硬,在高硬度下使用。塑料模具材料一般选用高淬透性的冷作模具钢或热作模具钢。制造这类模具常用的模具钢有冷作模具钢 9CrWMN,CrWMN,Cr12,Cr12MoV,CrMo1V,Cr12Mo1V1 等。热作模具钢则选用 5CrMnMo,5CrNiMo,4Cr5MoSiV,4Cr5MoSiV1 等。

(6)塑料成型用非调质模具钢的选用

原来的预硬型塑料模具钢都要求在热加工以后进行调质处理,而淬火和高温回火工艺复杂、耗能,还可能引起钢材的脱碳、氧化、变形等缺陷。随着结构钢中非调质钢的发展,近年来,我国研制了一系列的非调质模具钢,在热加工以后不需要再进行淬火回火处理,直接得到要求的预硬化性能,可以简化生产工艺、节约能源、降低材料的生产成本。

如近年来发展的 3Cr2MnMoVS 钢,在空冷条件下,100 mm 厚度的截面上,硬度都可以达到40 HRC 左右。一些单位研究开发的 2MnMoVSa 等钢种 ϕ100 mm 圆钢轧后空冷硬度可达到30 HRC 左右。随着工作的进一步深入,这类钢可能会在一定范围内作为预硬钢得到推广应用。

(7)易切削塑料模具钢的选用

在形状复杂的中小型模具生产中,模具的加工费往往占模具生产成本的 60%~70%,因此,提高模具的切削加工效率,成为降低模具生产成本的主要因素之一,相应地发展了一系列的易切削型塑料模具钢。

易切削型塑胶模具钢主要是结合预硬型模具钢和一些马氏体时效钢发展起来的,由于这类钢加工时硬度较高(可达 30~40 HRC),切削加工性差,如 3Cr2MnMoVS 非调质易切削型塑料模具钢,在硬度达 40 HRC 的情况下,仍然可以顺利地用一般高速钢刀具进行切削加工。日本大同特殊钢公司介绍,其易切削型时效硬化型不锈钢 NAK55,在硬度高达 40 HRC 左右时,其切削性可以与 S53C(接近我国 55 钢)硬度为 18 HRC 时的可加工性相当。

易切削元素(如硫)加入后,为了抑制其对力学性能的不利影响,往往加入变性剂(如钙、铼等),使钢中的硫夹杂物变成球状或纺锤状的富钙硫化物或稀土矿合物,通过变形处理,可以充分发挥硫对可切削性的有利作用,而抑制其对力学性能和热加工性能的不利影响,如我国研制的 5NiCaS 钢等。常用塑料成型模具钢的选用见表 4-3。

表 4-3　常用塑料成型模具钢的选用

塑料类别	塑料名称	生产批量/件			
		$<10^5$	$1×10^5 \sim 5×10^5$	$5×10^5 \sim 1×10^6$	$>1×10^6$
热固性塑料	通用型塑料 酚醛 密胺 聚酯等	45,50,55 钢 渗碳钢 渗碳淬火	渗碳合金钢 渗碳淬火 4Cr5MoSiV1+S	Cr5MoSiV1 Cr12 Cr12MoV	Cr12MoV Cr12Mo1V1 7Cr7Mo2V2Si
	增强型(对上述塑料加入纤维或金属粉等进行强化)	渗碳合金钢 渗碳淬火	渗碳合金钢 渗碳淬火 4Cr5MoSiV1+S Cr5Mo1V	Cr5Mo1V Cr12 Cr12MoV	Cr12MoV Cr12Mo1V1 7Cr7Mo2V2Si
热塑性塑料	通用型塑料 聚乙烯 聚丙烯 ABS 等	45,50,55 钢 渗碳钢 渗碳淬火 3Cr2Mo	3Cr2Mo 3Cr2NiMnMo 渗碳合金钢 渗碳淬火	4Cr5MoSiV1+S 5CrNiMnMoiVCaS Cr5Mo1V	Cr5Mo1V Cr12 Cr12MoV Cr12Mo1V1 7Cr7Mo2V2Si
	工程塑料 (尼龙,聚碳酸酯等)	45,50,55 钢 3Cr2Mo 3Cr2NiMnMo 渗碳钢 渗碳淬火	3Cr2Mo 3Cr2NiMnMo 时效硬化钢 渗碳钢 渗碳淬火	4Cr5MoSiV1+S 5CrNiMnMoiVCaS Cr5Mo1V	Cr12 Cr12MoV Cr12Mo1V1 7Cr7Mo2V2Si
	增强工程塑料 (工程塑料中加入增强纤维金属粉等)	3Cr2Mo 3Cr2NiMnMo 渗碳钢 渗碳淬火	4Cr5MoSiV1+S Cr5Mo1V Cr12MoV	4Cr5MoSiV1+S Cr5Mo1V Cr12MoV	Cr12 Cr12MoV Cr12Mo1V1 7Cr7Mo2V2Si
	阻燃塑料(添加阻燃剂的塑料)	3Cr2Mo+镀层	3Cr13 Cr14Mo	9Cr18 Cr18MoV	Cr18MoV+镀层
	聚氧乙烯	3Cr2Mo+镀层	3Cr13 Cr14Mo	9Cr18 Cr18MoV	Cr18MoV+镀层
	氟化塑料	Cr14Mo Cr18MoV	Cr14Mo Cr18MoV	Cr18MoV	Cr18MoV+镀层

2) 塑料模具辅助零件材料的选用

　　塑料模具的辅助材料,因其抛光性、耐蚀性等要求较低,可选用常用的塑料模具钢材,经过合理的热处理,使用性能完全达到要求,降低了模具造价。部分模具零件的材料选用举例及热处理要求见表4-4。

表 4-4　部分模具零件的钢选用及热处理要求

模具零件种类	主要性能要求	选用牌号	热处理	使用硬度
导向柱、导向套等	表面耐磨,芯部有较好韧性	20,20Cr,20CrMnTi	渗碳、淬火回火	54～58 HRC
		T8A,T10A	淬火回火	54～58 HRC
型芯、型腔件等	较高强度,有好的耐磨性和一定的耐腐蚀性,淬火后变形小	9Mn2V,CrWMn,9SiCr,Cr12	淬火后低、中温回火	56 HRC 以上
		3Cr2W8V,35CrMo	淬火高温回火氮化	42～44 HRC
		T7A,T8A,T10A	淬火加低温回火	55 HRC 以上
		45,40Cr,40VB 40MnB	调质	240～320 HRC
		球墨铸铁	正火	55 HRC 以上
主流道衬套	表面耐磨,有时还要耐腐蚀和热硬性	20	渗碳淬火	55 HRC 以上
		T8A,T10A	淬火回火	55 HRC 以上
		9Mn2V,CrWMn,9SiCr,Cr12	淬火中低温回火	55 HRC 以上
		3Cr2W8V,35CrMo	淬火,加高温回火并氮化	42～44 HRC
顶杆、拉斜杆、复位杆	有一定强度和比较耐磨	T7A,T8A	淬火回火	52～55 HRC
		45	端部淬火,杆部调质	端:54～58 HRC 杆:225 HBS
各种模板、顶出板、固定板支架等	较好的综合力学性能	45,40MnB 40MnVB	调质处理	225～240 HRS
		Q235,Q255,Q275		
		球墨铸铁	正火	205 HRS 以上
		HT200	退火	

知识点二　塑料模具热处理方法的选用

1) 塑料模具成型零件的热处理基本要求

(1) 合适的工作硬度和足够的韧性

根据塑料模具的工作条件,模具经过热处理应获得适中的硬度和足够的强韧性。不同种类的塑料模的工作硬度要求见表4-5。

表 4-5　不同种类的塑料模的工作硬度要求

模具类型	工作硬度	说　明
形状简单加工无机填料的塑料	56~60 HRC	在高的压力下要求耐磨的模具
形状简单的小型高寿命塑料模	54~58 HRC	在保证较高耐磨性的同时,具有良好的强韧性
形状复杂、精度高、要求淬火微变形的塑料模	45~50 HRC	用于易折断的部件(如型芯)
软质塑料注射模	280~320 HRC	无填充剂的软质塑料
一般压铸模、高强度热塑性塑料注射模	52~56 HRC	包括尼龙、聚甲醛、聚碳酸酯等硬性塑料和光学塑料

（2）保证淬火微小变形

为使塑料模具达到精度要求,要确保热处理变形极小。淬火时,首先要考虑防止模具型腔发生翘曲变形,为此对变形量作了一定限制,有关数据见表 4-6。

表 4-6　部分钢材塑料模允许淬火变形量

模具尺寸/mm	钢材种类		
	碳钢	低合金工具钢	钢材种类优质渗碳钢
260~400	−1.03~+0.2	−0.2~+0.15	−0.08~+0.15
110~250	−0.2~+0.15	−0.15~+0.1	−0.05~+0.1
≤110	±0.10	±0.6	±0.04

（3）表面无缺陷易于抛光

塑料模型腔面的表面粗糙度要求较高,在热处理过程中,应特别注意保护型腔表面,严格防止表面产生各种缺陷(如加热淬火留下的氧化皮的痕迹,表面受到侵蚀、脱碳和增碳、残余奥氏体量过多等),否则将给下一步抛光工序造成困难,甚至无法抛光。

（4）确保强度要求

尤其是热固性塑料模,受载较重,并且长时间受热,周期性受压。因此,要求模具在热处理后,保证有足够高的抗压塌和抗起皱纹的能力,即要保证强度要求。

2) 常用塑料模具钢热处理特点

（1）渗碳钢塑料模的热处理

渗碳钢的最终热处理为淬火和低温回火,渗碳工艺方法以采用分级渗碳工艺为宜,即在温度为 900~920 ℃,保温 1~1.5 h 进行高温快速渗碳,而在温度为中温 820~840 ℃,保温 23 h 渗碳以增加渗碳层厚度。对于碳素渗碳钢模具,分级渗碳后,需重新加热淬火;对于优质渗碳钢模具,分级渗碳后可直接空冷淬火,但应注意此工艺会使型腔表面氧化,应在通入压缩氨气的"冷井"中空冷,以保护表面防止氧化;对于用低碳钢和工业纯铁冷挤压成型的小型精密模具,单用渗碳淬火处理硬度和耐磨性往往不够,但用中温碳、氮共渗后直接淬入温度为 100~120 ℃的热油中冷却,则硬度提高,变形减小。

（2）淬硬钢塑料模的热处理

淬硬钢塑料模热处理时需要注意两个方面:①形状比较复杂的模具,在粗加工后进行热处理时,必须保证热处理变形最小,对于精密模具,变形应小于 0.05%;②注意保护型腔面的光洁程度,力求通过热处理使金属内部组织达到均匀。

为达到以上要求,在热处理时应采取适当的工艺措施:①淬火加热应在保护气氛炉中或在严格脱氧后的盐浴炉中加热。考虑模具多是单件生产,若采用普通箱式电阻炉加热,应在模腔上面涂保护剂。②在淬火加热时,为了减小热应力,要控制加热速度。特别对于合金元素含量多、传热速度较慢的高合金钢和形状复杂、断面厚度变化比较大的模具零件,一般要经过 2 级、3 级的预热。③在淬火冷却时,为减小冷却变形,在淬硬的前提下应尽量缓冷,如对合金工具钢多采用热浴等温淬火,或者预冷淬火等。④淬火后应及时回火,回火温度一定要高于模具的工作温度,而且要避开可能出现回火脆性的温度区间;回火时间应足够长,以免因回火不充分使模具出现堆塌变形,回火时间长短视模具的材料和断面尺寸而定,至少要在 40 ~ 60 min 以上。常用淬硬钢塑料模的推荐淬火加热温度和塑料模淬火介质的选择见表 4-7 和表 4-8。

表 4-7 塑料模常用淬硬钢的淬火加热温度

牌号	预热温度/℃	加热温度/℃	恒温预冷温度/℃
T7A		780 ~ 800 淬水 810 ~ 830 淬碱	730 ~ 750
40Cr		820 ~ 860	760 ~ 780
T10A	未入盐浴回热前应在箱式炉中经过 250 ~ 300 ℃烘烤 1 ~ 1.5 h;若用箱式炉加热淬火,则加热温度普遍要提高 10 ~ 20 ℃	760 ~ 780 淬水 800 ~ 820 淬碱	730 ~ 750
Cr,GCr15		820 ~ 840	730 ~ 750
9Mn2V		780 ~ 800	730 ~ 750
9CrQMn MnCrWV		800 ~ 820	730 ~ 750
5CrNiMo		840 ~ 860	730 ~ 750
5CrW2Si		860 ~ 880	
Cr12Mov	800 ~ 820(注意型腔保护)	960 ~ 980	830 ~ 850

表 4-8 塑料模淬火加热冷却介质

牌号	硬度/HRC	冷却介质
Cr12MoV,Cr6WV,45Cr2NiMoVSi	52 ~ 60	二元硝盐,气冷
合金结构钢 合金工具钢	52 ~ 56	中温碱浴,热油 二元硝盐,气冷
碳素工具钢	45 ~ 50	三元硝盐
	52 ~ 56	低温碱浴

(3)预硬钢塑料模的热处理

预硬钢是以预硬态供货的,一般不需热处理直接加工使用,但有时需对供材进行改锻,改锻后的模坯必须进行热处理。预硬钢的预先热处理通常采用球化退火,目的是消除锻造应力,获得均匀的球状珠光体组织,降低硬度,提高塑性,改善模具的切削加工性能和冷挤压成型性能。预硬钢的预硬处理工艺简单,多采用调质处理,由于这类钢淬透性良好,淬火时可采用油冷、空冷或硝盐分级淬火。为满足模具的各种工作硬度要求,高温回火的温度范围很宽。调质后获得回火索氏体组织,硬度均匀。

(4)时效硬化钢塑料模的热处理

时效硬化钢的热处理工艺分两步工序:第一步进行固溶处理,即把钢加热到高温,使各种合金元素溶入奥氏体中,完成奥氏体化后淬火获得马氏体组织;第二步进行时效处理,利用时效强化达到最后要求的力学性能。固溶处理一般在盐浴炉、箱式炉中进行,加热系数分别可取 $1\ min/mm$, $2\sim5\ min/mm$,淬火采用油冷,淬透性好的钢也可空冷。如果锻造模坯时能准确控制终锻温度,锻造后可直接进行固溶淬火。时效处理最好在真空炉中进行,若在箱式炉中进行,为防模腔表面氧化,炉内需要保护气或者用氧化铝粉、石墨粉、铸铁屑,在装箱条件下进行时效,装箱保护加热要适当延长保温时间,否则难以达到时效效果。

思考与练习

1.简述塑料膜的失效形式主要有哪些?

2.影响塑料膜寿命的因素有哪些?

3.介绍现有塑料模具材料的主要类型,并列出其代表性材料的牌号。

4.简述 P20 钢的性能特点及应用场合。

5.何为时效硬化性塑料模具钢? 简述其性能及应用特点。

6.说明 06Ni 和 18Ni 钢的异同点。

7.70Mn15 钢具有哪些性能特点? 主要适用于生产哪些塑料件?

8.简述 SM2 钢的性能特点及应用场合。

项目五

冷作模具材料及热处理

冷作模具是指在冷态下完成对金属或非金属材料的塑性变形的模具,其包括冷冲模、冷镦模、冷挤模、拉深模、拉丝模、滚丝模、冷剪切模等。冷作模具在机械、轻工、电器、仪表行业中应用极为广泛,其使用寿命的高低,直接影响生产效率和产品成本。

模具材料是模具制造的基础。合理选择冷模具材料、正确实施热处理工艺是保证模具寿命、提高模具质量和使用性能的关键。尤其是在难成形材料不断涌现、成形工件形状复杂、精度要求越来越高的情况下,冷作模具对材料的使用性能和热处理工艺提出了更加严格和苛刻的要求。

任务一　冷作模具的失效形式与材料的性能要求

知识点一　冷作模具的失效形式

冷作模具在工作中承受拉深、弯曲、压缩、冲击、疲劳等不同应力的作用,而用于金属冷挤、冷镦、冷拉深的模具,还要承受 300 ℃左右的交变温度作用。

冷作模具常见的失效形式有过载失效、磨损失效和疲劳失效。

1)过载失效

过载失效指材料本身承载能力不足以抵抗工作载荷作用而引起的失效。若材料韧性不足,易产生脆断;若强度不足,易产生变形、镦粗失效。

材料韧性不够引起的失效是一种失稳态下的断裂失效,常见的有冲头模具折断、开裂,甚至会产生爆裂,这种失效的特征是失效前无明显塑变征兆,断裂很突然,宏观断口无剪切唇,且比较平坦,造成模具不可修复的永久失效。

产生这种失效与模具承受过高工作应力和材料韧性差有关。通过对冷挤压模具的实际承载能力分析计算可知,冲头材料失效前承受工作应变能力是断裂耗能的上千倍,说明了工作冲头材料高潜动能和低断裂能力。一旦冲头失稳,按能量守恒原理($U_{总} = U_{断} + U_{动}$),几乎全部转变为扩展动能,迅速爆裂,其断裂扩展的极限速度可达 103 m/s。当模具结构有应力集中或加工刀痕、磨削粗痕等都可能成为薄弱环节,产生失稳热裂。

冷作模具的另一种过载失效是由于强度不足引起的。在冷镦、冷挤压冲头中,由于模具材料抗压、抗弯曲抗力不够,引起镦粗、下凹、弯曲变形等失效。在新产品开发中,这种情况比较常见。产生的原因多与工作载荷大、模具硬度偏低有关,且当冷镦凸模硬度小于 56 HRC、冷挤凸模硬度小于 62 HRC 时,易出现这种失效。这种失效表明材料强度不够,应改变材料或热处理方式。

2) 磨损失效

磨损失效指工作部件与被加工材料之间相对运动产生的损耗,包括均匀磨损、不均匀磨损和局部脱落。不均匀磨损是外来污物、碳化物及磨损中形成的硬质点引起的磨粒磨损,而局部脱落是一种疲劳磨损,在剪切力的作用下,局部疲劳而产生微裂纹,最终扩展至脱落。

对于工件表面尺寸和质量要求严格的冷冲压、冷挤压模具,在保证模具材料具有足够承载能力不致断裂的前提下,提高模具的使用寿命就取决于模具表面的抗磨损能力。

3) 疲劳失效

冷作模具承受的载荷都以一定冲击速度、一定冲击力周期性施加于加工材料,这种情况与小能量多冲疲劳实验相似,以一定能量周期性加载和卸载。疲劳失效的模具与结构钢疲劳失效有很大差异,这是因为脆性材料疲劳裂纹的产生周期占总寿命的绝大部分,很多情况下产生与扩展无明显界限,似乎不存在稳态扩展阶段。疲劳失效实际上是应力应变下微裂纹的产生过程,当产生约 0.1 mm 尺寸微裂纹时,即可能发生瞬间断裂。实际应用中疲劳产生源有很多,其断口形状与脆断极相似。

知识点二　冷作模具材料的使用性能要求

1) 良好的耐磨性

冷作模具在工作时,模具与坯料之间产生很大摩擦,在这种摩擦的作用下,模具表面会划出一些微观凹凸痕迹,这些痕迹与坯料表面的凹凸不平相咬合,使模具表面逐渐产生切应力,造成机械破损而磨损。

由于材料硬度和组织是影响模具耐磨性能的重要因素,因此,为提高冷作模具的抗磨损能力,通常要求硬度应高于工件硬度的 30% ~ 50%;材料的组织要求为回火马氏体或下贝氏体,其上分布着细小、均匀的粒状碳化物。

2) 高强度

强度指标对于冷作模具的设计和材料选择是极为重要的依据,主要包括拉深屈服点和压缩屈服点。其中,压缩屈服点对冷作模具冲头材料的变形抗力影响最大。为了获得高的前度,在材料选定的情况下,主要通过适当的热处理工艺进行强化。

3) 足够的韧性

对韧性的具体要求,应根据冷作模具的工件条件考虑,对受冲击载荷较大、易受偏心弯曲载荷或有应力集中的模具等,都需要较高的韧性。对一般工件条件下的冷作模具,通常受到的是小能量多次冲击载荷的作用,在这种载荷作用下,模具的失效形式是疲劳断裂,在选择模具材料时主要考虑材料强度和疲劳强度。这一点,在制订冷作模具的热处理工艺时应给予重视。

4) 良好的抗疲劳性

在很多情况下,模具承受的静负荷并不是很大,冲击负荷也不高,但是负荷呈周期性变化。在这种情况下,模具发生失效往往是由于材料发生了疲劳破坏,因此在选择模具材料时,必须对疲劳抗力提出一定的要求。

影响疲劳破坏的主要因素有:钢材中有带状或者网状碳化物、晶粒粗大、模具表面上有微小刀痕、凹槽以及截面突然变化。此外,模具表面的脱碳现象也会导致材料出现疲劳破坏。

5) 良好的抗咬合能力

当被加工材料与模具表面接触时,由于高压的作用使润滑失效,此时被加工材料与模具材料直接接触,被加工材料被冷焊接在模具的型腔上形成金属瘤,这样,在后续加工中,就会在工件的表面留下划痕。

影响抗咬合能力的因素有:被加工材料的种类,比如镍基合金、奥氏体不锈钢等出现咬合的概率比较高;模具材料本身抗咬合能力;润滑条件。

知识点三　冷作模具材料的工艺性能要求

冷作模具材料还必须具备适宜的工艺性能,主要包括可锻性、良好的切削性、良好的磨削性能、热处理工艺性等。

1) 可锻性

锻造的目的:①改变材料的内部组织;②消除组织缺陷;③提高材料的致密性;④改善材料的流线分布。

由此可以看出锻造对于材料的质量有很大的影响。从锻造工艺性方面对模具材料的具体要求有:①材料塑性好;②锻造时变形抗力小;③锻造温度范围广;④锻裂以及析出网状碳化物倾向性小。

2) 良好的切削性能

对切削性能的具体要求:①切削力小;②切削量大;③刀具磨损小;④加工质量好。

对于模具材料,大多数切削加工都较困难。为获得良好的切削加工性能,可采取以下措施:①在切削加工比较困难时,通过热处理改变组织,从而改变切削性能;②表面质量要求比较高的模具可以选用易切削钢,这些钢种含有 S,Ca 等元素。

3) 良好的磨削性能

由于模具的尺寸精度和形状精度要求比较高,因此,多数模具工作零件必须经过磨削加工才能使用。其具体要求:①对砂轮和冷却条件不敏感;②不易发生磨伤和磨裂。

4) 热处理工艺性

热处理工艺性主要包括淬透性、回火稳定性、脱碳倾向性、过热敏感性、淬火变形与开裂倾向性等。

(1)淬透性

大型模具除了要求表面具有足够的硬度外,还要求芯部具有良好的强度和韧性,这就要求模具材料必须具有良好的淬透性。对于形状比较复杂的模具也要求使用淬透性比较高的材料,原因是淬火后材料内部的应力状态比较均匀,这样就可以避免出现开裂或者较大的变形。鉴于上述原因,故一般要求模具材料具有良好的淬透性。

（2）回火稳定性

回火稳定性反映了受热软化时，材料的变形抗力。可以用软化温度（保持硬度 58 HRC 的最高回火温度）和二次硬化硬度来评定。回火稳定性越高，钢的热硬性越好，在相同的硬度情况下，其韧性也较好。因此，对于受强烈挤压和摩擦的冷作模具，要求模具材料具有较高的耐回火性。

某些铁碳合金（比较典型的是高速钢）需经回火后，硬度进一步提高。这种硬化现象，称为二次硬化。它是由于特殊碳化物析出和（或）由于参与奥氏体转变为马氏体或贝氏体所致。对于高强韧性模具钢，二次硬化硬度不应低于 60 HRC，对于高承载模具钢不应低于 62 HRC。

（3）脱碳倾向性和过热敏感性

脱碳严重降低模具的耐磨性和疲劳寿命；过热会得到粗大的马氏体，降低模具的韧性，增加模具早期断裂的危险性。因此，要求冷作模具钢的脱碳倾向性、过热敏感性均要小。

（4）淬火变形和开裂倾向性

模具钢淬火变形、开裂倾向与材料成分、原始组织状态、工作几何尺寸、形状、热处理工艺方法和参数都有很大关系，模具的设计选材时必须加以考虑。

通常，由热处理工艺引起的变形、开裂问题，可以通过控制加热方法、加热温度、冷却方法等热处理工序来解决；而由材料特性引起的变形、开裂问题，主要通过正确选材、控制原始组织状态和最终组织状态来解决。

知识点四　冷作模具材料的主要成分及其对性能的影响

根据模具材料的性能要求，冷作模具钢的成分特点如下：

1）钢的含碳量

碳是金属材料中的主要元素，含碳量是影响模具材料性能的决定性因素。通常，随着含碳量的增加，钢的硬度、强度和耐磨性提高，塑性、韧性变差。对于高耐磨的冷作模具钢，碳的质量分数一般控制在 0.7%~2.3%，以获得高碳马氏体，并形成一定量的碳化物；对于需要抗冲击的高强韧性冷作模具，其钢材碳的质量分数一般控制在 0.5%~0.7%，以保证模具获得足够的韧性。

因此，在选择模具材料时要根据具体的工艺特点来选取。如果要求材料具有比较高的耐磨性能，可以选择含碳量比较高的材料；如果要求模具的韧性比较好，应当选择含碳量稍微低一点的材料。

在钢材中添加的其他合金成分可以改进某些性能，当然也可能带来某些负面的影响。

2）合金化特点

冷作模具钢的合金化主要特点是：加入强碳化物形成元素，获得足够数量的合金碳化物，并增加钢的淬透性和回火稳定性，以达到耐磨性和强韧性的要求。所加入的主要元素及其作用简述如下：

（1）Mn 元素

Mn 元素可以增加钢的淬透性，大幅度降低钢的 Ms 点，增加淬火后残余奥氏体量，这些都有利于防止工件变形、淬裂，并可以使外形尺寸比较稳定。但是加入 Mn 元素后，钢材的导热性下降，过热敏感性加剧，第二类回火脆性增加。

（2）Si 元素

Si 元素增加钢材的淬透性和回火稳定性，显著提高材料的变形抗力及冲击疲劳抗力，也可提高材料的抗氧化性能和耐腐蚀性能。但 Si 元素可加剧脱碳倾向性（Si 元素可以促使碳以石墨的方式析出），过热敏感性和第二类回火脆性加剧。

（3）Cr 元素

Cr 显著地增加钢的淬透性，有效地提高钢的回火稳定性。钢中随着含 Cr 量的增加，依次生成（Fe,Cr）3C,（Fe,Cr）7C,（Fe,Cr）23C 等碳化物，这些碳化物稳定性较好，从而降低钢的过热敏感性，提高钢的耐磨性能。Cr 对钢表面具有钝化作用，使钢具有抗氧化能力。但 Cr 量较高会使碳化物分布不均匀性加剧和残余奥氏体量增加。

一般低合金冷作模具钢中 Cr 的质量分数为 0.5%~1.5%；在高强韧性冷作模具钢中，Cr 的质量分数为 4%~5%；在高耐磨微变形模具钢中，Cr 的质量分数为 6%~12%。

（4）Mo 元素

Mo 元素可提高淬透性和高温蠕变强度，回火稳定性和二次硬化效果也强于 Cr，并可以抑制 Cr,Mn,Si 引起的第二类回火脆性。但 Mo 增加脱碳倾向性。常用冷作模具钢中的 Mo 质量分数一般为 0.5%~5%。

（5）W 元素

W 元素的一大优点是造成二次硬化，显著提高钢的热硬性，其提高耐磨性和降低钢的过热敏感性的作用优于 Mo。但 W 强烈地降低钢的导热性，过量的 W 使得 W 的碳化物不均、钢的强度和韧性降低。在高承载能力冷作模具钢中，W 让质量分数小于 18%，并且有以 Mo 或 V 代替 W，以减少 W 含量的趋势。

（6）V 元素

V 主要以 V3C3 形式存在于钢中。由于 V3C3 稳定难磨性，硬度极高，因此，V 能显著地提高钢的耐磨性和热硬性，同时，V 还可以细化晶粒、降低钢的过热敏感性。但 V 量过多，会降低钢的可锻造性和磨削性能。因此，V 的质量分数一般控制在 0.2%~1.5%。

（7）Co 元素、Ni 元素

Co 的主要作用使提高高速冷作模具的红硬性，增强二次硬化效果。在硬质合金冷作模具材料中，Co 是重要的黏结剂。

Ni 既能提高钢的强度又能提高钢的韧性，同时提高钢的淬透性。含量较高时，可显著提高钢的耐蚀性。但 Ni 有增加第二类回火脆性的倾向。

任务二　冷作模具材料及热处理规范

知识点一　冷作模具材料的分类

冷作模具分类的方法很多，可以按照元素成分、性能等来分。按照合金元素的含量来分可以分为低合金、中合金、高合金工具钢等。

按照化学成分、工艺性能和力学性能等综合因素分类可以将模具钢分为 8 类，即低淬透性冷作模具钢；低变形冷作模具钢；高耐磨、微变形冷作模具钢；高强度、高耐磨冷作模具钢；

抗冲击冷作模具钢;高强韧性冷作模具钢;高耐磨、高韧性冷作模具钢;特殊用途冷作模具钢。具体详见表 5-1。

表 5-1 冷作模具钢的分类

类 别	钢 号
低淬透性冷作模具钢	T7A,T8A,T10A,T12A,8MnSi,Cr2,9Cr2,GCr15,CrW5
低变形冷作模具钢	CrWMn,9Mn2V,9CrWMn,9Mn2,MnCrWV,SiMnMo
高耐磨、微变形冷作模具钢	Cr12,Cr12MoV,Cr12Mo1V1,Cr5Mo1V,Cr4W2MoV,Cr12Mn2SiWMoV,Cr6WV,Cr6W3Mo2.5V2.5
高强度、高耐磨冷作模具钢	W18Cr4V,W6Mo5Cr4V2,W12Mo3Cr4V3N
抗冲击冷作模具钢	4CrW2Si,5CrW2Si,6CrW2Si,9SiCr,60Si2Mn,5SiMnMoV
高强韧性冷作模具钢	6W6Mo5Cr4V,6Cr4W3Mo2VNb(65Nb),7Cr7Mo2V2Si(LD),7CrSiMnMoV(CH-1),6CrNiSiMnMoV(GD),8Cr2MnWMoVS
高耐磨、高韧性冷作模具钢	9Cr6W3Mo2V2(GM),Cr8MoWV3Si(ER5)
特殊用途冷作模具钢	9Cr18,Cr18MoV,Cr14Mo,Cr14Mo4,1Cr18Ni9Ti,5Cr21Mn9Ni4W,7Mn15Cr2Al3V

表 5-1 中材料大多数已列入国家标准 GB/T 1299—2000,有的虽未列入国家标准,但在应用上已取得良好的效果。本任务将重点介绍各类典型钢种的主要性能特点、热加工工艺及应用规范。

知识点二 冷作模具材料的分类热处理规范

1)低淬透性冷作模具钢

低淬透性冷作模具钢主要以碳素工具钢为主,典型的钢号有 T7A,T8A,T10A,T12A,8MnSi,Cr2,9Cr2,GCr15,CrW5 等。

(1)碳素工具钢的特性

碳素工具钢价格便宜、材料供货渠道好、锻造工艺性和加工工艺性也比较好。这类材料的缺点是淬透性比较差,材料在使用过程中耐磨性、热硬性稍差,因此模具的寿命比较短。此外,在热处理过程中,淬火温度范围比较窄,且开裂的倾向性比较大。

①力学性能

材料的力学性能取决于材料热处理时的淬火和回火温度。

淬火温度的影响:提高淬火温度,淬火马氏体变粗,钢的强韧性下降,如图 5-1 所示。适当提高淬火温度,可提高碳素钢的淬透性,增加硬化层深度,提高模具的承载能力。如图 5-2、5-3 所示。因此,对于直径较小、容易淬透的小型模具,可采用较低的淬火温度(760~800 ℃);对于较大型模具,应适当提高淬火温度(800~850 ℃)。特别指出:对于较复杂的碳素工具钢冷作模具,较高的淬火温度会导致模具残余拉应力较大,从而产生裂纹的倾向。

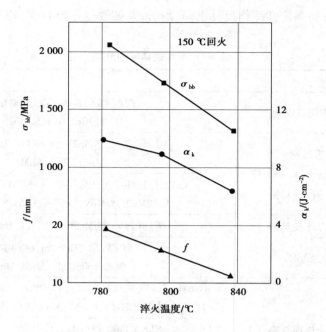

图 5-1　T10A 钢的淬火温度对强韧性的影响

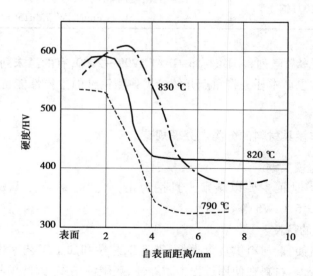

图 5-2　淬火温度对 T8 钢(ϕ31)淬硬层深度的影响

　　在正常情况下,碳素工具钢的耐磨性随牌号增大而提高,这是残留碳化物数量增多的缘故。

　　如图 5-3 所示,提高温度,材料处理后的硬度随着温度的升高而逐渐增加,达到一定程度后基本保持不变。

　　尽管如此,大多数的碳素工具钢仍然采用比较高的温度进行淬火,原因是碳素工具钢的淬透能力比较差,如图 5-4 所示。在实际生产中一般采取提高淬火温度的方法来提高淬硬层的厚度,以提高材料的承载能力。

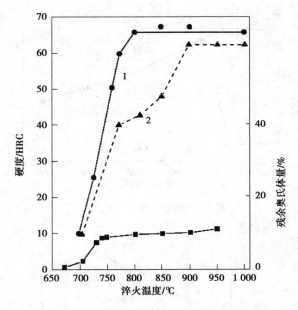

图 5-3 淬火温度与硬度之间的关系
1—试样表面硬度;2—试样中心硬度(试样直径 20 mm)

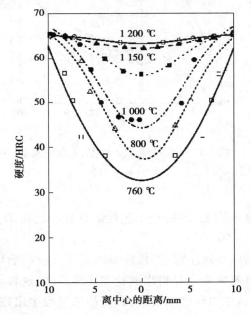

图 5-4 淬火温度与淬透性之间的关系

回火温度影响:碳素工具钢的力学性能与回火温度的关系如图 5-5 所示。硬度随回火温度的升高而下降,但在低温区回火(150~200 ℃),硬度下降不多,当回火温度超过 200 ℃,硬度才明显下降。当回火温度为 220~250 ℃抗弯强度达到极大值,如图 5-6 所示。碳素工具钢的扭转冲击试验结果表明,在 200~250 ℃回火时,会产生回火脆性,导致韧性下降。因此,韧性要求较高的碳素工具钢模具应避免此温度回火。而承受弯曲机抗压载荷的碳素工具钢模具仍可采用 220~280 ℃回火,以获得高抗弯强度,提高模具使用寿命。

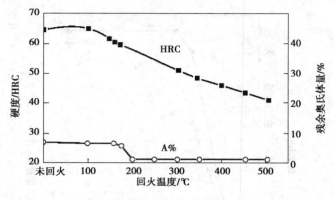

图 5-5　硬度与回火温度的关系

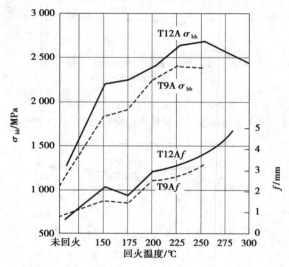

图 5-6　抗弯强度与回火温度之间的关系

②工艺性能

A.锻造工艺性

变形抗力小,锻造温度范围宽,即锻造工艺性能良好。比如 T8A,T10A 锻造温度范围分别为 800~850 ℃,1 100~1 150 ℃。

锻造 T10A 和 T12A 时应特别注意:严格控制终锻温度和锻后冷却速度。如果终锻温度过高且锻后冷却缓慢,则在材料中容易析出网状二次渗碳体,这将导致在后来的淬火过程中出现淬火开裂。在磨削过程中出现磨削裂纹,在使用的过程中出现脆断。因此,在锻后一般采用空冷的方法。此外,在锻造的过程中可以采用比较大的锻造比,以细化碳化物。

在锻造之后,需要将锻件进行处理,以便消除内应力,降低硬度,细化组织,这样可以进行机械加工,并为以后的热处理作好准备。

锻后处理主要有两种,即等温球化退火和正火+等温球化退火。在正常情况下采用等温球化退火即可,如果锻造之后出现晶粒粗大或者网状碳化物,则必须采用正火+等温球化退火。

等温球化退火工艺:加热温度:750~770 ℃;等温温度:680~700 ℃。

退火组织为珠光体,硬度小于 197 HBS。

正火工艺:T10A,T12A:温度 830~850 ℃。

B.淬透性

淬透性比较差;截面小于 4~5 mm 油淬可以淬透;5~15 mm 水淬可以淬透;20~25 mm 水淬无法淬透。

C.淬火变形

在淬火过程中使用强冷却介质,这样可以提高材料的淬透性,但同时可以引起较大的淬火变形。不同的材料在淬火之后变形有规律,比如,T7A 在淬火之后尺寸变大,因此在设计零件时可以将精加工余量适当减小;T8A,T10A,T12A 等在淬火之后尺寸变小,因此在设计工件时可以将精加工余量适当加大。

③应用范围

从上面的分析可以看出,这类材料价格比较便宜,且具有比较好的锻造和机械加工工艺性,具有一定的耐磨性,硬度也比较高,但是淬透性差,淬火变形也比较大,同时韧性也比较差,因此,多用在尺寸小、形状简单、负荷小、批量不大的生产场合。

(2)GCr15 钢的特性

GCr15 实际上是一种轴承专用钢,这种材料硬度高、强度高、耐磨性好、淬火变形小,可以用来制造冷作模具。

①力学性能

正常的淬火温度为 830~860 ℃,(最佳温度为 840 ℃),淬火后的硬度可以达到 63~65 HRC。高于 860 ℃时,由于残余奥氏体的增加和奥氏体晶粒的粗化,淬火硬度会下降,此外钢材的强度和塑性、韧性也有明显下降。尺寸较大的模具采用稍高点的淬火温度,以提高材料的淬透性,获得足够的淬硬层深度和较高的硬度。尺寸较小的或者使用油淬的模具一般采用较低的淬火温度。

淬火组织为:隐晶马氏体+球状碳化物(分布均匀)+残余奥氏体。

随着回火温度的升高,回火后材料的硬度逐渐下降,但耐回火性能明显高于碳素工具钢,比如,在 200~220 ℃回火时,其硬度仍然可以达到 60 HRC 左右,如图 5-7 所示。

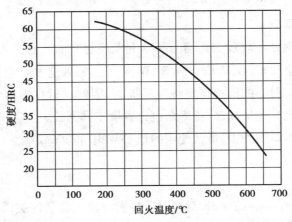

图 5-7　GCr15 钢回火温度与硬度的关系(840~850 ℃油淬)

冲击韧性与回火温度有明显的联系,在160~200 ℃回火时,冲击韧性有明显的提高,主要原因是消除了淬火应力,马氏体过饱和度减少。但超过200 ℃回火,冲击韧性又有明显的下降,进入所谓的第一类回火脆性区,如图5-8所示。因此,回火温度一般为160~180 ℃。

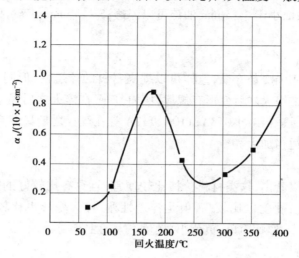

图5-8 GCr15钢回火温度与冲击韧度的关系

②工艺性能

锻造工艺性较好,锻造温度范围比较宽,析出网状碳化物的倾向性小。始锻温度1 020~1 080 ℃,终锻温度850 ℃,锻后空冷,金相组织为片状珠光体。

如果锻造工艺不当,比如终锻温度过高、锻后冷却速度缓慢等,则碳化物将沿奥氏体晶界析出,并形成粗大的网状碳化物,如果终锻温度过低,则沿晶界析出的碳化物和奥氏体一起沿着变形方向被拉长,出现条状碳化物,这样的组织必须经过正火处理才能消除。

正火工艺:温度900~920 ℃,冷却速度>40~50 ℃/min;小料空冷,大料强制冷却。

球化退火:加热温度:770~790 ℃;保温温度:690~720 ℃;退火后硬度:217~255 HBS。

淬透性:具有良好的淬透性,一般25 mm左右的坯料可以淬透。淬火温度范围宽,过热倾向性小,残余奥氏体少,淬火变形小。

2)低变形冷作模具钢

低变形冷作模具钢是在碳素工具钢的基础上发展起来的。这类钢材是针对碳素工具钢的缺点加入了少量合金元素,比如Cr、Mn、Si、W、V等。加入这些合金元素后,材料的淬透性明显提高,细化了晶粒,材料的回火稳定性明显提高,因此材料在强韧性、耐磨性和热硬性等方面比碳素工具钢有明显的提高,使用寿命也比碳素工具钢长。

各种低变形冷作模具钢种中,最常使用的是CrWMn和9Mn2V。

(1)CrWMn

①力学性能

如图5-9、图5-10所示是CrWMn钢的力学性能与淬火温度的关系。如图5-9所示,当淬火温度<850 ℃时,温度上升,硬度上升;当淬火温度>850 ℃时,温度上升,硬度下降。如图

5-10所示,抗弯强度 σ_{bb} 在 800~820 ℃时最大,淬火温度一般选择在 820~850 ℃,淬火硬度62~65 HRC。当大于 830 ℃淬火后,硬度也开始下降,这与钢中残余奥氏体量的不断增加和奥氏体晶粒长大、片状马氏体变粗有关。

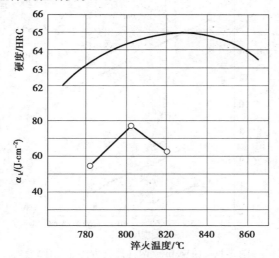

图 5-9　淬火温度对 CrWMn 钢硬度、冲击韧度的影响(200 ℃回火/1 h 硝酸浴)

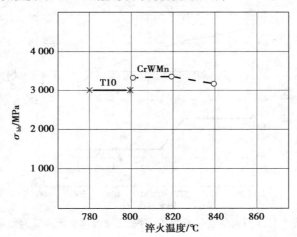

图 5-10　淬火温度对 CrWMn 钢、T10 钢抗弯强度的影响

淬火方法对性能的影响:当要求冲击韧性比较好的时候可以采用等温淬火的方法,如图5-11 所示。

如图 5-12 所示,硬度随着回火温度的升高而下降,因此,回火温度多选择在 140~160 ℃,回火后硬度 62~65 HRC;170~200 ℃,60~62 HRC;230~280 ℃,55~60 HRC。

冲击韧性与回火温度之间的关系:冲击韧性随着回火温度的升高而升高,但是在大约 250 ℃的范围出现下降,如图 5-13 所示,即出现回火脆性,因此要避免在此范围内回火。

抗弯强度与回火温度之间的关系:抗弯强度随着回火温度升高而增加,但是在 200 ℃左右出现谷值,如图 5-14 所示,因此,在回火的过程中要避开该温度范围。

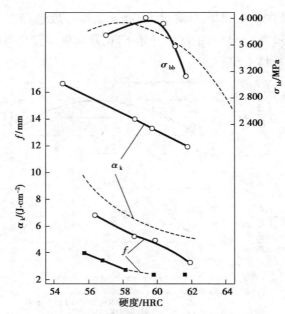

图 5-11 CrWMn 钢两种淬火方法性能比较

------普通淬火；——等温淬火

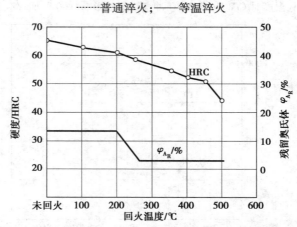

图 5-12 回火温度对 CrWMn 钢硬度及残留奥氏体量的影响

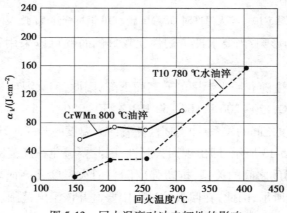

图 5-13 回火温度对冲击韧性的影响

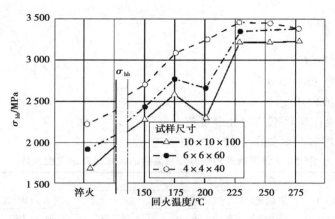

图 5-14　回火温度对 CrWMn 钢抗弯强度的影响

②工艺性能

CrWMn 属于高碳低合金工具钢,总体来说锻造工艺性比较好:变形抗力小,锻造温度范围较宽,但是这种材料碳化物偏析比较严重,因此,在锻造时应当采用反复镦拔的方法。此外,锻后冷却缓慢,容易生成网状碳化物,因此,锻造之后应当先空冷到 650~700 ℃,然后转入热灰中缓慢冷却。

在锻造之后需要将工件进行等温球化退火处理,退火后的材料组织比较均匀,硬度不高(207~255 HBS)。如果材料在锻造之后出现了网状碳化物或者晶粒粗大时,就必须在退火之前进行正火处理。具体工艺参数如下:

球化退火温度:790~830 ℃;

等温温度:700~720 ℃;

正火温度:930~950 ℃

③淬透性

由于材料中含有 Cr,Mn,W 等元素,因此,其淬透性比碳素工具钢有明显提高,直径小于 40~50 mm 的工件可以在油中淬透,并且淬火变形小。

④使用范围

由于 CrWMn 淬透性较好,且淬火变形小,其硬度、耐磨性、强韧性等主要指标均优于碳素工具钢,因此是一种应用比较广泛的模具材料。目前,主要用于要求变形小、形状复杂的轻型冲裁模具(一般板料厚度<2 mm)和常见的拉深、弯曲和翻边模具。

(2)热处理规范

①CrWMn

淬火:预热温度:400~650 ℃

加热温度:820~850 ℃

淬火介质:油

淬火硬度:62~65 HRC

回火:回火温度:140~160 ℃

回火硬度:62~65 HRC

②9Mn2V

淬火:预热温度:400~650 ℃

加热温度:780～820 ℃

淬火介质:油

淬火硬度:>62 HRC

回火:回火温度:150～200 ℃

回火硬度:60～62 HRC

（3）低淬透性冷作模具钢的热处理规范

常用低淬透性冷作模具钢的常规热处理工艺规范见表5-2。

表5-2　常用低淬透性冷作模具钢的常规热处理工业规范

钢号	淬火规范				回火规范	
	预热温度/℃	加热温度/℃	淬火硬度/HRC	淬火介质	回火温度/℃	回火硬度/HRC
T7A	400～500	780～820	59～62	水或油	160～180	57～60
T7A	400～500	780～820	60～63	水或油	160～180	58～61
T7A	400～500	760～810	61～64	水或油	160～180	59～62
T7A	400～500	760～810	61～64	水或油	160～180	59～62
T7A	400～500	760～810	61～64	水或油	160～180	59～62
GCr15	400～650	840～850	62～65	油或水	180～200	≥61

3）高耐磨、微变形冷作模具钢

低变形冷作模具钢的性能虽然优于碳素工具钢,但其耐磨性、强韧性、变形要求等仍不能满足形状复杂的重载冷作模具的需要。为此,发展了高耐磨微变形冷作模具钢。其牌号、成分、主要特点见表5-3。

表5-3　高耐磨微变形冷作模具钢的成分

钢号	化学成分 w_a/%							主要特点
	C	Mn	Si	Cr	W	Mo	V	
Cr12MoV	1.5	—		12		0.5	0.2	综合性能好,适用性广泛
Cr12	2.2	—		12	—	—	—	高耐磨性,高抗压性
Cr6WV	1.0			6.0	1.3		0.6	高强度,变形均匀
Cr4W2MoV	1.2	—	0.5	3.8	2.2	1.0	1.0	高耐磨,高热稳定性
Cr2Mn2SiWMoV	1.0	2.0	0.8	2.5	1.0	0.6	0.2	低温淬火,变形均匀
Cr12Mo1V1(D2)	1.57	0.31	0.23	11.71	—	1.02	0.96	高耐磨,高强度

这类钢在冷作模具中使用量最大,典型的钢种有Cr12,Cr12MoV,Cr4W2MoV,Cr12Mo1V1。

（1）Cr12 和 Cr12MoV

Cr12 和 Cr12MoV 具有高的硬度、耐磨性、淬透性、韧性高、淬火后体积变化最小,使用时脆断倾向性大。

①力学性能

硬度随着淬火温度的升高而逐步增加,超过了临界点时(1 050 ℃),硬度随着淬火温度的升高而下降,如图5-15所示。

冲击韧度随着温度的上升而逐渐升高,超过了一定值后(1 000 ℃),冲击韧度则随着淬火温度的升高而逐渐下降,如图 5-16 所示。

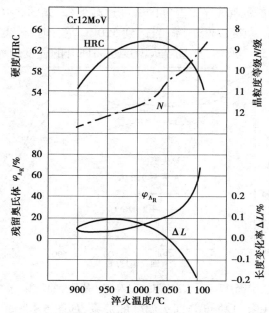

图 5-15　硬度与淬火温度之间的关系

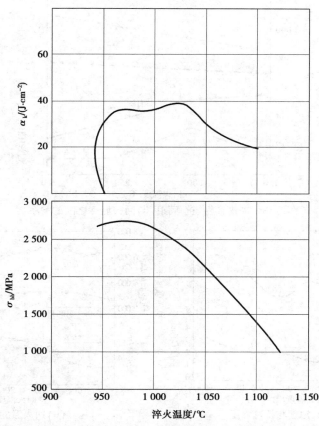

图 5-16　淬火温度对 Cr12MoV 钢的抗弯强度、冲击韧度的影响

抗弯强度随着温度的上升而逐渐升高,超过了一定值后(950 ℃),抗弯强度随着温度的上升而逐渐升高,冲击韧度则随着淬火温度的升高逐渐下降,如图 5-16 所示。

随着回火温度的上升,硬度逐渐下降,当达到 520 ℃左右时,硬度出现较大的回升,即出现所谓的二次硬化,如图 5-17 所示,并且淬火温度越高回升的程度越大。

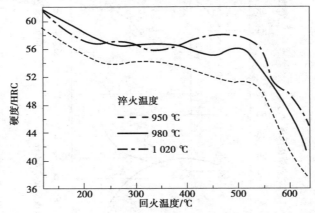

图 5-17　回火温度对 Cr12MoV 钢硬度的影响

冲击韧度、抗弯强度和抗压强度与回火温度的关系,如图 5-18、图 5-19 所示。

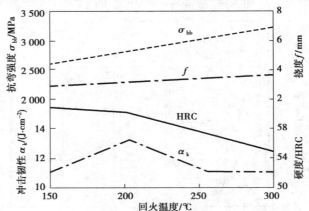

图 5-18　冲击韧性、抗弯强度与回火温度之间的关系

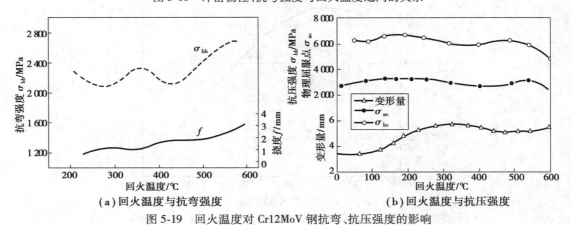

（a）回火温度与抗弯强度　　　　　　（b）回火温度与抗压强度

图 5-19　回火温度对 Cr12MoV 钢抗弯、抗压强度的影响

102

由于 Cr12MoV 可以采用多种淬火和回火方式进行处理,因此,选取何种工艺取决于对材料的具体要求(比如要求材料具有比较高),冲击韧度则随着淬火温度的升高逐渐下降,如图 5-20 所示。

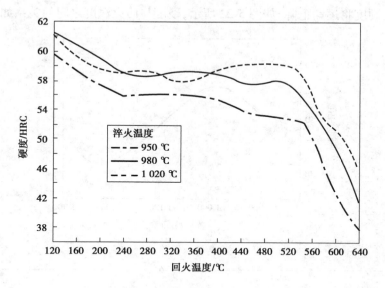

图 5-20　回火温度对 Cr12MoV 钢硬度的影响

随着回火温度的上升,硬度逐渐下降,当达到 520 ℃ 左右时,硬度出现较大的回升,即出现所谓的二次硬化,如图 5-21 所示,并且淬火温度越高回升的程度越大。

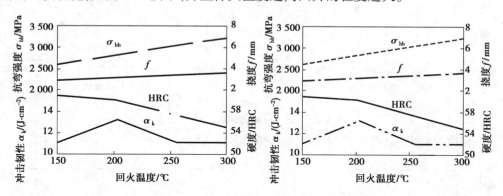

图 5-21　冲击韧性、抗弯强度与回火温度之间的关系

由于 Cr12MoV 可以采用多种淬火和回火方式进行处理,因此,选取何种工艺取决于对材料的具体要求,比如要求材料具有比较高的硬度和强度,可以采用低温淬火和低温回火(淬火1 020~1 040 ℃,硬度 62~63 HRC,回火 150~170 ℃,硬度 61~63 HRC)。

②工艺性能

由于 Cr12MoV 属于高合金钢,因此材料的导热性差、变形抗力大、锻造温度范围窄、组织缺陷严重(带状、网状碳化物、碳化物分布严重不均匀)。

Cr12MoV 淬透性很好,截面尺寸 300~400 mm 的工件在油中即可淬透,淬火变形小。

(2)Cr4W2MoV

Cr4W2MoV 具有较高的淬透性和淬硬性,并且具有较高的耐磨性和尺寸稳定性,使用寿命比 Cr12 型钢材有较大的提高。

①力学性能

硬度随着淬火温度的上升逐步提高,当达到 1 000 ℃左右时,硬度值达到最高,如果淬火温度继续升高,硬度将逐渐下降,如图 5-22 所示,硬度与回火温度之间的关系如图 5-23 所示。

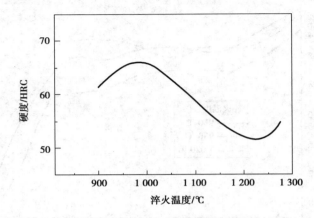

图 5-22　硬度与淬火温度之间的关系

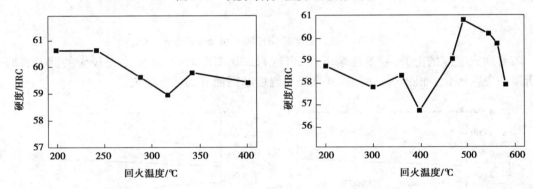

图 5-23　硬度与回火温度之间的关系

冲击韧度、抗弯强度与回火温度的关系如图 5-24 所示。

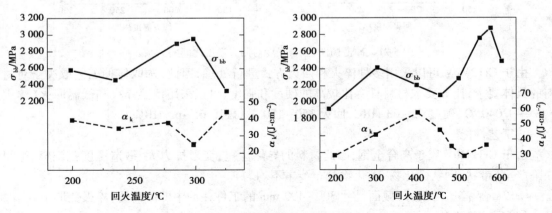

图 5-24　冲击韧性、抗弯强度与回火温度之间的关系

常规的淬火温度为960~980 ℃和1 020~1 040 ℃(硬度大于62 HRC),回火温度为280~300 ℃(硬度为60~62 HRC)或者500~540 ℃(硬度为60~62 HRC)。

采用不同的淬火和回火温度对性能的影响不一样。采用何种组合看具体要求。比如,要求材料具有比较高的强韧性可以采用960~980 ℃淬火,280~300 ℃回火。

②工艺性

锻造工艺性:比较差,易发生过热、过烧、断裂,锻造温度范围窄。900~1 100 ℃,缓冷。

热处理工艺性:淬透性好、淬火变形小。

③具体的热处理规范

此类钢的热处理工艺方法很多,也较复杂,要根据模具的工作条件加以选用,表5-4是常规的热处理工艺方法,以供选用时参考。

表5-4　高耐磨微变形冷作模具钢热处理规范

钢　　号	淬火工艺				回火工艺	
	预热温度/℃	预热温度/℃	淬火介质	硬度 HRC	回火温度/℃	硬度 HRC
Cr12	800~850	950~980	油	61~64	150~200	50~62
		1 000~1 100	油	40~60	480~500	60~63
Cr12MoV	800~850	1 000~1 020	油	62~64	150~170	61~63
		1 040~1 140	油	40~60	500~550	60~61
Cr6WV	800~850	950~970	油	62~64	150~170	62~63
					190~270	58~60
		990~1 010	硝盐或碱	62~64	500	57~58
Cr4W2MoV	800~850	960~980	油空	≥62	280~300	60~62
		1 020~1 040	油空	≥62	500~540	60~62
Cr2Mn2SiMnMoV	800~850	860±10	空冷	≥62	180~200	62~64
		840±10	油或空	≥62	180~200	62~64
Cr6W3Mo2.5V2.5	800~850	1 100~1 160	油	≥60	520~560	64~66

4)高强度、高耐磨冷作模具钢

这类钢材具有高强度、高抗压强度、高耐磨性、高热稳定性等。与Cr12MoV相比,韧性耐磨性和扭转性能稍微差些,其余性能均优。淬火温度越高,碳含量越高,处理后材料的耐磨性能和抗压强度越高,但是材料的韧性稍微降低。传统的高速钢是这类钢种的典型代表(W18Cr4V,W6Mo5Cr4V2等)。具体详见表5-5。

表5-5　Cr12MoV,W6Mo5Cr4V2 在硬度61 HRC 下的力学性能

型　　号	抗弯强度 δ_{bb}/MPa	抗弯屈服强度 δ_s/MPa	抗压强度 δ_b/MPa	抗扭强度 γ_b/MPa	冲击韧度 α_k/(J·cm^{-2})
Cr12MoV	3 500	2 050	6 000	1 850	34
W6Mo5Cr4V2	4 500	3 660	6 000	1 740	21

淬火温度对高速钢性能影响很大,淬火温度越高,基体含碳量越高,其耐磨性、抗压强度越高,而韧性越低。抗弯强度存在一个峰值,对 W18Cr4V 钢为 1 230~1 250 ℃,对 W6Mo5Cr4V2 钢温度为 1 170~1 190 ℃。

如图 5-25 所示是回火温度对 W6Mo5Cr4V2 钢的硬度和冲击韧度的影响。由图可知,在 500~600 ℃回火时产生二次硬化效应,但韧性处于低谷。冷作模具对热硬性要求不高,主要要求有较高强度和韧性。因此,对于高承载的高速钢冷作模具,采用低温淬火、低温回火方法可以防止崩刃和折断。高速钢的传统热处理工艺见表 5-6。

高速钢主要用于重载冲头。如冷挤压冲头、冷镦冲头、中厚钢板冲孔冲头。

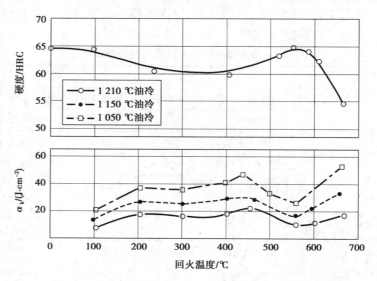

图 5-25　回火温度对 W6Mo5Cr4V2 钢的硬度、冲击韧度的影响

表 5-6　高强度、高耐磨冷作模具钢的热处理规范

钢号	淬火工艺									回火工艺				
	第1次预热		第2次预热		淬火加热			冷却介质	硬度/HRC	温度/℃	时间/h	次数	冷却	硬度/HRC
	温度/℃	时间/h	温度/℃	时间/(s·mm⁻¹)	介质	温度/℃	时间/(s·mm⁻¹)							
W18Cr4V	400	1	850	24	盐炉	1 260~1 280	15~20	油	67	560	1	3	空	≥60
W6Mo5Cr4V2	400	1	850	24	盐炉	1 150~1 200	20	油	65~66	550	1	3	空	60~64

5)抗冲击冷作模具钢

本类钢共有 8 个牌号,成分接近合金调质钢,详见表 5-7。主要合金元素为 Mn,Si,Cr,W,Mo。由于成分相近,此类钢具有一些共同特点,如碳化物少,组织均匀,淬火组织以板条状马氏体为主;具有高抗弯强度、高冲击疲劳抗力、高韧性和良好的耐磨性。但抗压强度低,热稳定性差,淬火变形难以控制等缺陷。

表 5-7　抗冲击钢的成分及特点

类　别	钢号	典型成分 w_a/%						性能及用途
		C	Mn	Si	Cr	W	Mo	
弹簧钢	60Si2Mn	0.6	0.8	2	—	—	—	疲劳强度高,耐磨性低,以小型冷镦冲头为主
耐冲击工具钢	4CrW2Si	0.4	—	1.0	1.2	2.2		需渗透,强韧,耐磨
	5CrW2Si	0.5		0.6	1.2	2.2		以重剪刃为主
	6CrW2Si	0.6		0.6	1.2	2.4		抗压性较高,以小型模具为主
刃具钢	9SiCr	0.9	0.5	1.4	1.1	—	—	淬硬性好,以轻剪刃为主
热作模具钢	5CrMnMo	0.55	1.4	0.4	0.8	—	0.2	高韧性,以冷精压、大型冷镦、冷挤模为主
	5CrNiMo	0.55	0.6	—	0.6	1.6Ni	0.2	
	5SiMnMoV	0.5	0.6	1.6	0.3	0.2V	0.2	高强度,以成型剪刃为主

（1）Cr-W-Si 系（4CrW2Si,5CrW2Si,6CrW2Si）

这几个钢种是在 Cr-Si 钢的基础上加入一定量的 W,在回火时 W 有利于保存淬火时细小的晶粒,这样可以使钢材在回火状态下获得比较高的韧性。同时,这种材料具有较高的高温强度和良好的淬透性。

淬火温度对力学性能的影响:4CrW2Si 由于含碳量比较低,因此需要渗碳后才能达到使用要求。这里主要介绍 5CrW2Si 和 6CrW2Si 的特性。

5CrW2Si 和 6CrW2Si 硬度随着淬火温度的升高而增加,如图 5-26 所示。冲击韧性随着淬火温度的升高而增加,950 ℃达到峰值。硬度随着回火温度的升高而降低,如图 5-27 所示。

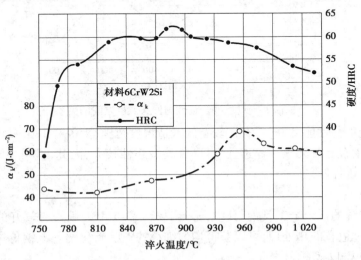

图 5-26　硬度、冲击韧性与淬火温度之间的关系

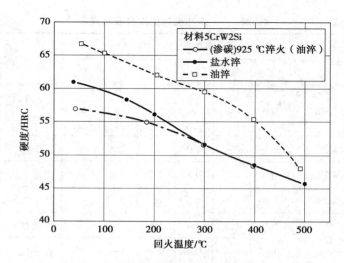

图 5-27　硬度与回火温度之间的关系

如图 5-28 所示,冲击韧性随着回火温度的升高而提高,在 300~350 ℃有轻微的回火脆性,即在此范围内冲击韧性略有下降。因此,在选择回火温度时要避开这个区间。通常淬火温度为 870~900 ℃,油淬,硬度大于 55 HRC(57 HRC)。

回火硬度有两种:回火硬度 53~58 HRC(53~58 HRC)和回火硬度 45~50 HRC(45~58 HRC)。

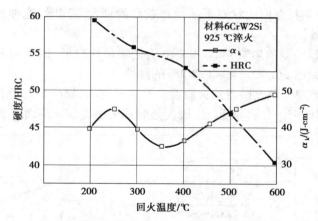

图 5-28　硬度、冲击韧性与回火温度之间的关系

此类钢锻造工艺性能良好,具有比较宽的锻造温度范围(850~1 180 ℃)。有良好的切削性能,因为材料中含有 S 元素。淬透性良好,脱碳敏感性较大,因此,材料中含有一定的 Si 元素。淬火变形较难控制。

(2)9SiCr

此类钢是传统的低合金工具钢,其中,$w_{Cr} = 1\%$,$w_{Si} = 1.4\%$,其具有较好的淬透性,硅还能细化碳化物,通过适宜的热处理,可以获得均匀细小的粒状碳化物。该钢价格低廉,其性能介于碳素工具钢和 Cr12 型钢材之间。

淬回火温度对 9SiCr 钢的力学性能影响如图 5-29 所示。由图可知,当淬火温度达到 880 ℃时钢材的抗弯强度明显下降,残余奥氏体量也有较大增加,因此淬火温度一般为 860~880 ℃,

硬度为 62~65 HRC。

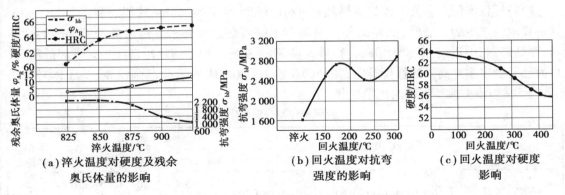

图 5-29　淬回火温度对 9SiCr 钢力学性能的影响

9SiCr 钢有较好的回火稳定性,回火温度为 270 ℃ 左右,硬度仍能保持 60 HRC。不过在 250 ℃ 回火,钢的抗弯强度最低,因此,重载模具应避免在此温度下回火。通常硬度要求为 62~64 HRC 时,温度可取 180~220 ℃;硬度要求为 56~58 HRC 时,温度可在 280~320 ℃;硬度要求为 54~56 HRC 时,温度可在 350~400 ℃。

9SiCr 钢油淬临界淬透直径为 35 mm,ϕ70~80 mm 的工件可油中淬硬,ϕ50~60 mm 的工件可硝盐中淬硬,因此,该钢适合于分级淬火和等温淬火。

9SiCr 钢锻造温度范围为 800~1 150 ℃,锻造性能良好,锻造操作简单,锻后经等温球化退火,硬度为 217~241 HBS,利于切削加工。其缺陷是脱碳倾向较大,热处理时必须加以注意。适于制造薄刃具和形状复杂的轻载冷冲模,如打印模、拔丝板等;也可部分取代 Cr12MoV,5CrW2Si 钢用于机械载荷较重的冷作模具,如厚钢板冲剪工具、冷镦模等。

（3）抗冲击冷模具钢的热处理规范

抗冲击冷模具钢的常规热处理规范见表 5-8。

表 5-8　抗冲击冷模具钢的常规热处理规范

钢号	淬火工艺			回火工艺	
	加热温度/℃	淬火介质	硬度 HRC	回火温度/℃	硬度 HRC
4CrW2Si	860~900	油	≥53	200~250	53~58
				430~470	45~50
5CrW2Si	860~900	油	≥55	200~250	53~58
				430~470	45~50
6CrW2Si	860~900	油	≥57	200~250	53~58
				430~470	45~50
9CrSi	840~860	油	62~64	280~320	56~58
				350~400	54~56
60Si2Mn	800~820	油	60~62	200~280	57~60
				380~400	49~52

6)高强韧性冷作模具钢

冷挤压技术的发展要求模具材料具有更高的硬度、耐磨性、韧性,这类材料正是为了满足这种要求而产生的。显然,上述的各类模具钢不能满足这些要求。铬钨硅系钢的耐磨性不够,而高铬钢、中铬钢、高速钢中碳化物数量多,韧性不足。为了满足冷挤压工艺发展的需要,目前已研制出多种高强韧性模具钢,如降碳高速钢、基体钢、低合金高强度钢、马氏体时效钢等,表5-9为该类典型钢种的化学成分。

表5-9 高强韧性冷模钢的化学成分

类别	钢 号	化学成分 w_a/%							
		C	Si	Mn	Cr	W	Mo	V	其他
降碳高速钢	6W6Mo5Cr4V(6W6)	0.64	≤0.35	≤0.66	3.7~4.3	6.0~7.0	4.5~5.5	0.7~1.1	0.2Nb
基体钢	6Cr4W3Mo2VNb(65Nb)	0.64	0.26	0.32	4.02	2.96	2.13	0.88	—
	7Cr7Mo2V2Si(LD)	0.68~0.78	0.7~1.2	≤0.4	6.5~7.5	—	1.9~2.5	1.7~2.2	—
	6Cr4Mo3Ni2WV(CG2)	0.55~0.64	≤0.4	≤0.4	3.8~4.3	0.9~1.3	2.8~3.3	0.9~1.3	1.8~2.2Ni
	5Cr4Mo3NiMnVAl(012Al)	0.54	0.79	0.89	4.18		3.09	1.14	0.4Al
	65W8Cr4VTi(LM1)	0.6~0.7	≤0.6	≤0.4	4.2~4.8	7.5~8.5	—	0.8~1.2	0.1~0.3Ti
	65Cr5Mo3W2VSiTi(LM2)	0.6~0.7	0.8~1.2	≤0.4	4.5~5.2	1.6~2.3	2.8~3.4	1.0~1.4	0.1~0.3Ti
低合金高强度钢	6CrNiSiMnMoV(GD)	0.69	0.81	0.96	1.16	—	0.6	—	0.9Ni
马氏体时效钢	18Ni	0.04	0.05	—	—	—	4.54	—	18.09Ni 12.16Co 1.27Ti

(1)6W6Mo5Cr4V(6W6)

6W6称为降碳高速钢,相对 W6Mo5Cr4V2 钢,碳的质量分数降低了 0.21%左右,钒的质量分数降低了 1.05%~1.11%。由于碳、钒量的降低,碳化物总量减少,碳化物不均匀性得到改善,不均匀度为 1~2 级。淬火硬化状态的抗弯强度和塑性提高了 30%~50%,冲击韧度提高了 50%~100%,但淬火硬度减少了 2~3 HRC。

如图 5-30 所示是淬、回火温度对 6W6 钢力学性能的影响。由图可知,该钢仍保持较强的二次硬化能力和良好的热稳定性。二次硬化状态下的冲击韧度随淬火温度降低而明显上升,但硬度下降。回火时的强度峰值出现在 560~580 ℃,硬度峰值和冲击韧度谷值位于 540~560 ℃。因此,为了获得良好的韧性和较高的耐磨性,通常采用降低温度淬火,较高温度回火,工艺参数为 1 180~1 200 ℃ 淬火,560~580 ℃ 回火 3 次,每次 1.5 h,经此处理,硬度为 60~63 HRC,冲击韧度为 50~60 J/cm²。

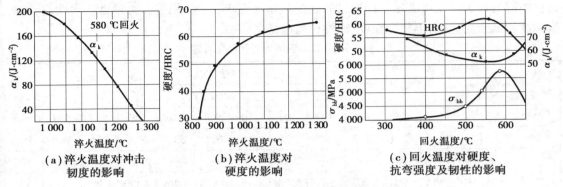

(a)淬火温度对冲击　　　(b)淬火温度对　　　　(c)回火温度对硬度、
　　韧度的影响　　　　　　硬度的影响　　　　　　抗弯强度及韧性的影响

图 5-30　淬、回火温度对 6W6 钢力学性能的影响

6W6 钢因含钼量较高,锻造温度范围稍窄,锻造工艺为:加热温度 1 100~1 140 ℃,始锻温度 1050~1100 ℃,终锻温度 800~900 ℃。锻造变形抗力较大,需深透锻造,并控制流线方向。该钢退火易软化,退火硬度小于 229 HBS,切削加工性较好。

6W6 钢的缺陷主要是:碳量低,耐磨性稍差,易产生脱碳。6W6 钢可以取代高速钢或高碳高铬钢制作黑色金属冷挤压冲头或冷镦冲头,寿命可提高 2~10 倍。

(2)基体钢

所谓基体钢就是具有高速钢正常淬火基体组织的钢种,这类钢材过剩碳化物少,细小均匀,工艺性能好,强韧性有明显改善,广泛用于高负荷,高速耐冲击冷、热变形模具。

①65Nb 钢的特性

65Nb 钢与 W6Mo5Cr4V2 相比,65Nb 的基体成分中 C,W 含量稍低,而 Mo 稍高,成分中含有少量的铌。这种合金的特点是保持高速钢的硬度和耐磨性,同时又具有较高的韧性和抗疲劳强度。

淬、回火温度对 65Nb 钢力学性能的影响及 65Nb 钢的室温性能如图 5-31 所示及见表 5-10、表 5-11。对图表综合分析可知:随着淬火温度的升高,由于碳化物不断溶解,残余奥氏体随之

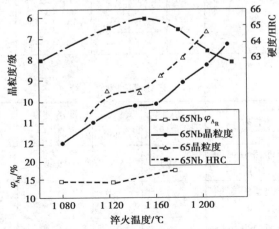

图 5-31　65Nb 钢淬火加热温度对晶粒度、硬度与残余奥氏体的影响

增加,奥氏体晶粒缓缓长大,当淬火加热温度大于 1 160 ℃时,才开始明显长大;65Nb 钢淬火温度为 1 080~1 180 ℃,回火温度为 520~600 ℃,一般采用两次回火。由于淬火温度范围宽,选择不同的淬火温度可满足不同模具的强度和韧性要求;65Nb 钢室温力学性能表明,抗压屈服强度稍低于高速钢,但抗弯强度、韧性比高速钢高得多。

表 5-10　65Nb 钢回火后的力学性能

淬火温度/℃	项　目	性　能										
		回火温度/℃										
		220	300	350	400	450	500	520	540	560	580	600
1 080	HRC	61.0	58.5	58.5	58.5	59.5	60.0	60.0	60.0	58.5	58.5	55.5
	$\delta_{0.2\gamma}$/MPa	2 716	—	—	2 306	—	—	—	2 584	—	—	—
	δ_{bb}/MPa	725	2 675	—	3 058	—	4 038	4 469	4 400	4 162	—	—
	f/mm	1.28	4.29	—	3.70	—	7.52	8.6	8.6	9.92	—	—
	α_k/(J·cm^{-2})	51	59	—	63	—	55	80	80	—	—	—
	K_{IC}/(MPa·mm$^{1/2}$)	—	—	—	—	—	—	—	810	—	—	—
1 120	HRC	60.8	59.3	59.3	59.3	59.9	61.4	62.3	62.2	60.4	60.5	58.0
	$\delta_{0.2\gamma}$/MPa	2 705	2 350	—	2 350	—	2 292	2 527	2 616	2 641	2 759	2 292
	δ_{bb}/MPa	765	1 705	2 518	3 480	3 264	3 862	4 645	4 420	4 224	4 067	3 920
	f/mm	0.8	1.68	2.82	5.65	4.25	4.90	7.86	7.07	9.31	1.88	10.25
	α_k/(J·cm^{-2})	65	56	75	70	70	75	85	98	98	112	121
	K_{IC}/(MPa·mm$^{1/2}$)	717	773	—	846	—	—	—	624	—	634	—
1 160	HRC	61.7	59.6	59.6	59.6	60.3	61.8	62.6	62.5	61.5	60.5	59.1
	$\delta_{0.2\gamma}$/MPa	2 708	2 704	—	—	2 371	—	—	—	2 616	—	—
	δ_{bb}/MPa	686	1 460	1 724	2 597	3 067	3 822	4 684	4 811	4 782	4 547	4 312
	f/mm	0.75	1.36	1.50	2.76	3.37	4.74	5.83	6.04	9.28	13.14	10.08
	α_k/(J·cm^{-2})	2.78	—	—	65	91	46	45	51	79	94	73
	K_{IC}/(MPa·mm$^{1/2}$)	—	—	—	—	—	—	—	55.79	—	—	—

表 5-11　65Nb 钢的室温性能

钢号	热处理工艺	抗弯强度 δ_{bb}/MPa	挠度 f/mm	冲击韧度 α_k/(J·cm^{-2})	硬度 /HRC	断裂韧性 K_{IC}/(MPa·mm$^{1/2}$)
65Nb	1 180 ℃淬油,540 ℃两次回火,每次 1 h	4 596	5.8	153	63	555
	1 120 ℃淬油,540 ℃两次回火,每次 1 h	4 615	7.97	—	62.2	663
	1 170 ℃淬油,540 ℃两次回火,每次 1 h	4 400	8.6	—	60.2	809

钢号	热处理工艺	抗弯强度 δ_{bb}/MPa	挠度 f/mm	冲击韧度 α_k/(J·cm^{-2})	硬度 /HRC	断裂韧性 K_{IC}/(MPa·mm$^{1/2}$)
Cr12MoV	970 ℃淬油,200 ℃两次回火,每次 1 h	3 050	—	49	58.5	633
	1 030 ℃淬油,200 ℃两次回火,每次 1 h	2 616	—	47	61.6	672
W18Cr4V	1 260 ℃淬油,560 ℃ 3次回火,每次 1 h	2 822	1.8	24	65.5	474
W6Mo5Cr4V	1 190 ℃淬油,560 ℃两次回火,每次 1 h	3 145	2.14	26	66.5	—
6W6Mo5Cr4V	1 190 ℃淬油,560 ℃两次回火,每次 1 h	4 302	5.94	51	62.3	—

65Nb 钢的工艺性能:65Nb 钢的变形抗力较铬钢、高速钢低,碳化物均匀性好,具有良好的锻造性能,但该钢的导热性较差,锻时必须缓慢加热,锻造温度范围为 850~1 120 ℃,锻后缓冷。

锻坯要及时退火,退火工艺:加热 860 ℃,等温温度 730~740 ℃,退火硬度为 183~207 HBS。由于该钢退火易软化,延长等温时间,硬度可降低至 180 HBS 左右,这就为模具本身的冷挤压成形提供了条件。

65Nb 钢的应用范围:65Nb 钢适于制作形状复杂的有色金属挤压模、冷冲模、冷剪模及单位挤压力为 2 500 MPa 左右的黑色金属冷挤压模具,也可用于轴承、标准件,汽车行业中的锻模、冲压及剪切模具,可获得高的使用寿命。

②7Cr7Mo2V2Si(LD)

LD 钢是一种不含 W 的基体钢。含碳量和 Cr,Mo,V 的含量都高于高速钢,因此其淬透性和二次硬化能力均有明显提高,尤其是 V 的二次硬化效应强烈。此外,未溶的 VC 能够起到细化晶粒的作用,增加钢材的韧性和耐磨性。

钢中还含有 1%(质量分数)左右的 Si,具有强化基体增强二次硬化效果的作用,同时,还能提高钢的回火稳定性。从而提高钢的综合力学性能。

LD 钢在不同淬火温度和回火温度下的硬度见表 5-12;淬火温度与硬度、晶粒度、残余奥氏体量的关系见表 5-13;LD 钢在一定条件下的力学性能见表 5-14。

表 5-12 LD 钢不同温度淬火回火时的硬度(HRC)

回火温度/℃ 淬火温度/℃	400	490	510	530	550	570	590	610
1 100	58.6	61.2	62.2	62.3	61.1	59.7	58.3	56.8
1 150	60.3	62.2	62.9	63.1	62.7	60.7	58.5	58.2

表 5-13　LD 钢的淬火温度与硬度、晶粒度、残余奥氏体量的关系

淬火温度/℃	1 050	1 100	1 150	1 210
硬度/HRC	57	60	61	60
晶粒度/级	11~12	10~11	9~10	7~8
ψ（残余奥氏体，%）	14	33	35	34

表 5-14　在一定热处理条件下 LD 钢的力学性能

热处理工艺	硬度/HRC	抗压屈服强度 $\delta_{0.2r}$/MPa	抗弯强度 δ_{bb}/MPa	挠度 f/mm	冲击韧度 α_k/(J·cm^{-2})
1 100 ℃,550 ℃×1 h×3 次回火	61	2 550	5 430	16.5	116
1 100 ℃,570 ℃×1 h×3 次回火	60	2 340	4 990	16.5	104
1 150 ℃,550 ℃×1 h×3 次回火	62	2 860	5 590	12.7	98
1 150 ℃,570 ℃×1 h×3 次回火	61	2 660	5 190	8.3	104

由此可知,LD 钢在保持较高韧性的情况下,它的抗压强度、抗弯强度及耐磨性能均比 65Nb 钢高。LD 钢的淬火温度范围较宽,为 1 100~1 150 ℃。淬火后,约有 34%的残余奥氏体,因此淬火变形小。为使残余奥氏体充分转变为马氏体,必须进行高温回火,回火温度为 540~570 ℃,回火次数为 2~3 次,每次 1~2 h 为宜。回火后的硬度为 57~63 HRC。有时为了提高模具的韧性,也可采取"低淬低回"工艺,淬火温度为 1 050~1 080 ℃,回火温度为 180~220 ℃,回火后硬度为 58~60 HRC。LD 钢锻造性能良好,宜采用缓慢加热,保证热透。锻造加热温度应严格控制,一般为 1 130~1 150 ℃,终锻温度大于 850 ℃,锻后砂冷。由于 LD 钢碳化物偏折小,ϕ50 mm 以下的原材料不经改锻可以直接使用。但大规格的原材料必须经过锻造,锻后退火温度为 860 ℃,退火后硬度为 170~240 HBS,切削加工性与 Cr12MoV 相当。简单的 LD 钢型腔模可以采用冷挤压成形。综上所述,和其他模具钢相比,LD 钢有更好的综合性能。因此,广泛用于制造冷挤、冷镦、冲压和弯曲等冷作模具,其寿命比高铬钢、高速钢提高几倍到几十倍。

（3）6CrNiSiMnMoV（GD）

基体钢具有较高强韧性和较好耐磨性,但其合金度大于 10%,成本高;淬火温度区间窄,一般不能用箱式电阻炉加热淬火,因此在中小企业使用比较困难。GD 钢就是针对基体钢的上述缺陷而研制的一种新钢种。属于高强韧性、低合金冷作模具钢。

从合金化合性能特点看,GD 钢属于高强韧性低合金冷作模具钢。其成分与 CrWMn 相比,降低了碳量,新增镍、硅,合金元素总量为 4%。

GD 钢的主要性能特点如下:

①钢的冲击韧度,小能量对冲寿命,断裂韧性和抗压屈服点显著优于 CrWMn 钢和 Cr12MoV 钢,而磨损性能略低于 Cr12MoV,但优于 CrWMn,见表 5-15。

②碳化物偏析小,可以不改锻,下料后直接使用。如需改锻,锻造性能良好,锻造温度范围为 850~1 120 ℃,锻后需缓冷。

③GD 钢淬透性良好,空冷可以淬硬,淬火变形缩小。而退火却不易软化,最佳的退火工艺

为:加热 760~780 ℃,随炉缓冷至 680 ℃等温 6 h,炉冷至 550 ℃出炉空冷,硬度为 230~240 HBS。

表 5-15　GD 钢的强韧性

钢号	冲击韧度 $\alpha_k/(J \cdot cm^{-2})$	多冲寿命 $N \times 10^4/$次	断裂韧性 $K_{IC}/(MPa \cdot mm^{1/2})$	抗弯屈服点 $\delta_{0.2b}/MPa$	抗压屈服点 $\delta_{0.2\gamma}/MPa$
GD	128.5	4.23	25.4	3 090	2 776
CrWMn	76.5	2.82	15.2	3 119	2 668
Cr12MoV	44.2	—	16.6	—	2 690

④淬火加热温度低,区间宽,可采用油淬,风冷及火焰加热淬火,回火温度也低,利于节能。最佳热处理工艺为淬火加热 870~930 ℃,回火 175~230 ℃,回火一次 2 h。

⑤淬硬性良好,900 ℃加油淬,淬火硬度为 64~65 HRC,空淬硬度 61 HRC。

⑥GD 钢可替代 CrWMn,Cr12 型,9Mn2V,6CrW2Si 制造各种异形、细长薄片冷冲凸模,形状复杂的大型凸凹模,中厚板冲裁模及剪刀片,精密淬硬塑料模具等。模具的寿命大幅提高,具有显著的经济效益。

（4）7CrSiMnMoV（CH-1）

CH-1 又称为火焰淬火钢,用它制造大型、复杂的冷作模具,可以简化制造工艺,保证精度,缩短制造周期,降低成本。CH-1 钢的化学成分见表 5-16。

表 5-16　7CrSiMnMoV 钢的化学成分

元素	C	Si	Mn	Cr	Mo	V	P	S
含量 $w_a/\%$	0.65~0.75	0.85~1.1	0.65~1.05	0.90~1.20	0.20~0.50	0.15~0.30	≤0.03	≤0.03

CH-1 钢的主要特性如下:

①具有高的综合强韧性和良好的耐磨性,见表 5-17 和如图 5-32 所示。能有效避免冷作模具崩刃现象的产生。

表 5-17　CH-1 钢与几种常见模具钢力学性能比较

钢号	热处理工艺	抗弯强度 δ_{bb}/MPa	抗压强度 δ_{bc}/MPa	扭转强度 δ_{br}/MPa	冲击韧度 $\alpha_k/(J \cdot cm^{-2})$	硬度 /HRC	挠度 f/mm
7CrSiMnMoV	800 ℃油淬 200 ℃回火 1.5 h	4 110	5 398	2 030	156.0	60~61	4.3
9Mn2V	800 ℃油淬 200 ℃回火 2 h	2 595	505	2 025	38.5	59	3.0
CrWMn	840 ℃油淬 200 ℃回火 2 h	2 650	—	—	36.0		2.0
Cr12Mov	1 020 ℃油淬 200 ℃回火 2 h	263	4 834	—	44.6	61	2.4

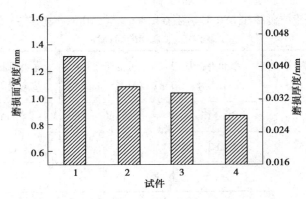

图 5-32 耐磨性比较

1—T10A；2—CrWMn；3—9Mn2V；4—7CrSiMnMoV

②在 860~960 ℃加热淬火时，可获得理想的淬火组织，淬火温度范围宽，利于火焰加热淬火。

③淬透性好，淬硬性高，热处理变形小，ϕ80 mm 的截面油冷心部可淬透；ϕ40 mm 以下的截面可空冷硬化，硬度可达 62~64 HRC，硬度均匀，磨损倾向小。

④碳化物偏析小，塑性变形抗力低，锻造性能良好。锻造温度范围为 800~1 200 ℃，锻后采用空冷或灰冷。退火工艺为：加热 820~840 ℃，等温 600~700 ℃，退火硬度小于 240 HBS。

⑤焊接工艺性好，能满足冲模的焊补要求。

综上所述，CH-1 钢具有良好的综合力学性能，可用于制造各类冷作模具，如薄板冲孔模、整形模、切边模、冷挤压模等。由于该钢可以火焰淬火，对于多孔位的冲模或复杂型腔零部件、刃口，采用火焰表面淬火，其型腔和孔距变形小，而且制造工艺简化，制造成本降低。对于强韧性要求高的冷作模具，可用 CH-1 钢取代 T10A，9Mn2V，Cr12MoV 等钢来制造，模具寿命可提高 3~4 倍。

（5）8Cr2MnWMoVS

对于形状非常复杂或配合尺寸精度特别高的模具，对模具材料要求除了应具有一定的强韧性外，还须具有良好的切削加工性和组织稳定性，热处理变形要小。8Cr2MnWMoVS 就是适应这种要求新研制的一种易切削精密冷作模具钢。其主要成分特点是采用高碳多元少量合金化，见表 5-18。

表 5-18　8Cr2MnWMoVS 钢的化学成分

元素	C	Si	Mn	Cr	W	Mo	V	S	P
成分 w_a/%	0.75~0.85	≤0.04	1.30~1.70	2.30~2.60	0.70~1.10	0.50~0.80	0.10~0.25	0.08~0.15	≤0.03

8Cr2MnWMoVS 钢的主要性能特点如下：

①淬硬性、淬透性好，ϕ100 mm 圆料在 860~920 ℃空冷淬火或硝盐分级淬火后，硬度可达 61~64 HRC。

②热处理工艺简单，作为预硬钢的热处理工艺为：860~880 ℃×2min/mm 空冷，550~620 ℃×2 h 回火；用于高硬态模具的热处理工艺为：860~900 ℃空淬，160~250 ℃回火。

③与 Cr12MoV，CrWMn 钢相比具有较高的强韧性。如经高硬态处理的硬度为 58~

62 HRC，σ_{bb} 为 3 130～3 170 MPa，$\sigma_{0.2}$ 为 2 380～2 700 MPa，α_k（纵）为 25～35 J/cm^{-2}，经预硬处理的力学性能见表 5-19。

表 5-19　8Cr2MnWMoVS 钢预硬处理后的力学性能

硬度/HRC	抗弯强度 σ_{bb}/MPa	抗弯屈服强度 $\sigma_{0.2}$/MPa	挠度 f/mm	冲击韧度 α_k/(J·cm^{-2})	抗压屈服极限 $\sigma_{0.2r}$/MPa	扭转强度 r_b/MPa	扭转屈服强度 $\tau_{0.3}$/MPa	扭转角 Ψ_{max}/(°)
42～50	2 570～3 000	2 080～2 170	9.2～15.5	62～75	1 520～1 860	1 050～1 270	880～1 090	73.3～143.3

④切削加工性良好，退火态可比一般工模具钢缩短加工工时 30% 以上，硬度为 40～45 HRC 的调质状态仍可采用高速钢刀具顺利地进行车、铣、刨、钻、镗、攻丝等常规加工。

⑤热处理变形小，860～900 ℃ 淬火，160～250 ℃ 回火，轴向总变形率小于 0.09%，径向总变形率为 0.15%。

⑥具有良好的表面处理性能，可进行渗氮、渗硼、镀 Cr、镀 Ni 处理。

8Cr2MnWMoVS 钢的使用范围：作为预硬钢，适于制作精密的塑料模、胶木模和印刷电路板冲孔模。与其他冷作模具钢相比，配合精度提高 1～2 数量级，粗糙度降低，使用寿命提高 2～10 倍以上。作为高硬态钢，主要制作精密零件的冲裁模，如手表零件冲裁模、电器零件冲裁模、寿命较传统模具钢都大幅提高。

（6）热处理规范

高强韧性冷作模具钢热处理工艺方法很多，也比较复杂，生产中需根据具体情况加以选用。表 5-20 是高韧性冷作模具钢的常规热处理规范，以供制造具体模具的热处理工艺时参考。

表 5-20　高强韧性冷作模具钢热处理规范

钢　号	淬火工艺			回火工艺	
	加热温度/℃	冷却介质	硬度/HRC	回火温度/℃	硬度/HRC
6W6Mo5Cr4W	1 180～1 200	油	>60	500～580	60～63
6Cr4W3Mo2VNb	1 080～1 180	油	≥60	520～580	59～62
7Cr7Mo2V2Si	1 100～1 500	油	60～61	530～570	57～63
7CrSiMnMoV	900～920	油	≥60	220～260	56～60
				180～200	58～62
6CrNiMnSiMoV	870～930	油	>60	170～270	57～62
8Cr2MnWMoVS	850～900	空气	>60	250～500	45～58

7）高强韧性、高耐磨性冷作模具钢

这类钢材在强韧性方面与高强韧性类材料差不多，而耐磨性与高 Cr 钢和 HSS 类似。其典型钢种及化学成分见表 5-21。

表 5-21　高耐磨、高强韧性冷模钢的成分

钢　号	化学成分（w_a/%）					
	C	Cr	W	Mo	V	Mn
GM	0.86～0.94	5.6～6.4	2.8～3.2	2.0～2.5	1.7～2.2	—
ER5	0.95～1.10	7.0～8.0	0.8～1.2	1.4～1.8	2.2～2.7	0.3～0.6

（1）GM（9Cr6WMo2V2）

GM 钢的主要性能均优于 Cr12MoV 钢,并且铬含量减少一半,符合我国的资源特点,是一种应用效果良好的新型冷作模具钢。

①GM 钢的淬、回火特性与力学性能

GM 钢的淬、回火基本特性如图 5-33、图 5-34、图 5-35、图 5-36、图 5-37 所示。由图可知,GM 钢有较宽的淬火温度范围,直至 1 180 ℃时奥氏体晶粒度仍小于 11 级;GM 钢淬火后残余奥氏体明显少于 Cr12MoV 钢,但回火过程比较稳定,1 160 ℃淬火,经 500～600 ℃二次回火后,残余奥氏体仍保留相当数量。钢的二次硬化能力和回火稳定性显著高于 Cr12MoV 钢,而且硬化峰值在较宽的回火温度范围内出现。

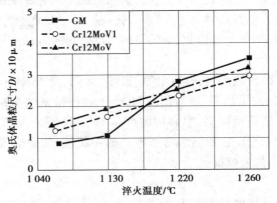

图 5-33　淬火温度对奥氏体晶粒尺寸的影响

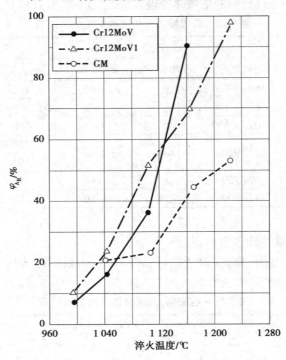

图 5-34　淬火温度对残余奥氏体量的影响

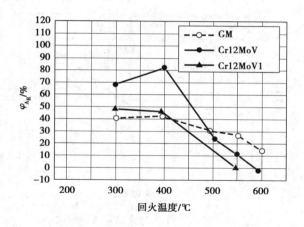

图 5-35　回火温度对残余奥氏体量的影响

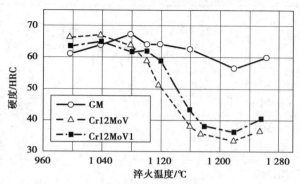

图 5-36　淬火温度对 GM 钢硬度的影响

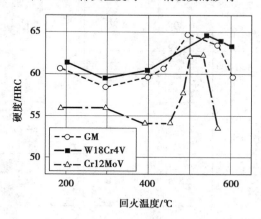

图 5-37　回火温度对 GM 钢硬度的影响

　　GM 钢的力学性能见表 5-22 和如图 5-38 所示。由图表可知,GM 钢经 1 080～1 120 ℃淬火,540 ℃回火后,硬度、抗弯强度、耐磨性能和韧度明显高于 Cr12MoV。GM 钢有最佳耐磨性与强韧性的配合。

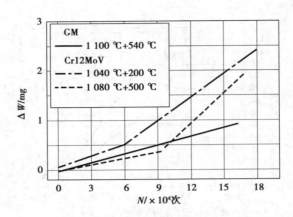

图 5-38 冲击次数 N 与失重量 ΔW 的关系

表 5-22 几种工模具钢的力学性能对比

钢号	热处理工艺	抗弯强度 σ_{bb}/MPa	挠度 f/mm	断裂韧度 K_{IC} /(MPa·mm$^{1/2}$)	冲击韧度 （C 型缺口） α_k/(J·cm^{-2})	硬度 /HRC
W18Cr4V	1 260 ℃油淬,560 ℃ 回火 3 次,每次 1 h	2 280	1.8	15.1	—	65.5
W6Mo5Cr4V2	1 190 ℃油淬,560 ℃ 回火 3 次,每次 1 h	3 210	2.14	—	19.6	66.5
65Nb	1 120 ℃油淬,540 ℃ 回火两次,每次 1 h	4 710	7.97	21.0	98.0	62.5
GM	1 080 ℃油淬,540 ℃ 回火两次,每次 1 h	4 808	4.80	20.2	28.0	65.4
	1 120 ℃油淬,540 ℃ 回火两次,每次 1 h	3 396	3.60	15.5	22.1	65.9
Cr12MoV	1 040 ℃淬火,220 ℃ 回火 1 次,每次 1 h	2 775	3.30	24.1	27.4	62.3
	1 080 ℃油淬,540 ℃ 回火两次,每次 1 h	2 821	3.20	19.3	15.4	63.0
D2	1 040 ℃油淬,200 ℃ 回火 1 次,每次 1 h	2 104	1.70	23.5	24.0	62.4
	1 080 ℃油淬,500 ℃ 回火两次,每次 1 h	1 800	2.80	17.7	17.9	63.4

②工艺性

GM 钢合金元素总量低于高速钢，成分适中，不含一次粗大的碳化物，ϕ100 mm 的原材碳化物不均匀度为 1.5 级，锻造性能良好，锻造工艺为：预热温度 600～800 ℃，加热温度 1 100～1 150 ℃，始锻温度 1 100 ℃，终锻温度 850～900 ℃。锻前加热一定要缓慢进行，充分热透，锤击时采用轻—重—轻法操作，并严格控制变形量，不许冷锤锻造，锻后需缓冷并及时退火，球化退火工艺为：880 ℃×3 h+740 ℃×6 h 炉冷至 500 ℃空冷。退火硬度为 205～228 HBS。GM 钢的淬、回火工艺见表 5-23。GM 钢还具有良好的线切割加工性能。电加工工艺参数合适，工作效率可达 50 mm²/min，表面粗糙度 Ra1.25～2.5 μm。

表 5-23　GM 钢淬、回火工艺

预热温度/℃	淬火温度/℃	加热系数/(s·mm⁻¹)	冷却方式	回火温度/℃	回火次数/次	回火硬度/HRC
810	1 080～1 120	20	油冷	540～560	2	≥64

（2）ER5（Cr8MoWV3Si）钢的特性

ER5 钢是在美国专利钢种的成分基础上而研制的新型冷作模具钢，与 GM 钢具有类似的性能特点，而抗磨损性比 GM 要好，详见表 5-24、表 5-25。

表 5-24　ER5 钢与 Cr12MoV 钢的力学性能对比

材料	α_k/(J·cm⁻²)	σ_{bb}/MPa	f/mm	硬度/HRC	$\sigma_{0.2r}$/MPa
ER5	45.37	3 555	4.5	64	3 256
Cr12MoV	16.17	2 740	—	59.5	2 352

表 5-25　ER5 钢与 Cr12MoV 钢耐磨性试验结果对比

材料	硬度/HRC	失重/mg		磨痕面积/mm²	磨损系数	磨损速度/(mg·min⁻¹)
		试样	磨盘			
ER5	62	3.0	24.4	16.3	0.123	0.05
Cr12MoV	62	12.1	16.8	29.3	0.72	0.202

由表可知，ER5 钢强韧性优于 Cr12MoV 冷作模具钢，而耐磨性远远超过 Cr12MoV。

ER5 钢淬火加热温度范围宽，二次硬化效果强，热处理变形小。对于耐磨性要求高，又要保证高强韧性的模具，一般采用 1 120～1 130 ℃加热，550 ℃回火 3 次的热处理工艺。回火硬度为 62～64 HRC。

ER5 锻造性能良好，始锻温度为 1 150 ℃，终锻温度为 900 ℃以上，锻后缓冷。等温退火工艺为 860 ℃×2h+760 ℃×4 h，退火后硬度为 220～240 HBS，易于机械加工。

ER5 钢在冶炼、锻造、热处理、机加工、电加工等方面无特殊要求，生产加工工艺简单可行，材料成本适中，适用于制作大型重载冷镦模，精密冷冲模等。如用 ER5 制作的电机硅钢片冲模，总寿命达 500 万次；又如，用 ER5 制作的大尺寸轴承滚子冷镦模寿命达 1 万次以上，超过从日本进口模具的保证寿命 5 000 次。

8) 特殊用途冷作模具钢

这类钢主要有两类：一类为典型的耐蚀冷作模具钢，如 9Cr18，Cr18MoV，Cr14Mo，Cr14Mo4；另一类为无磁模具钢，如 1Cr18Ni9Ti（奥氏体不锈钢），5Cr21Mn9Ni4W，7Mn15Cr2Al3V2WMo 等。

耐蚀冷作模具钢的成分是高碳高铬。淬火后，马氏体中铬的质量分数高达 12% 左右，既具有高的硬度和耐磨性，又具有良好的耐蚀性能，主要用来制作耐蚀塑料模具。

典型无磁模具钢为 7Mn15Cr2Al3V2WMo，由于含锰量高，在使用状态下呈稳定的奥氏体组织，磁导率非常低，在磁场中不被磁化，该钢经 1 170 ℃ 固溶淬火，650~750 ℃ 时效 15 h 后，硬度为 47 HRC，σ_b 可达 1 400~1 500 MPa，σ_s 达 1 250 MPa，α_k 为 35~40 J/cm^2，因此有较高的强度、硬度和耐磨性，但该钢的切削加工性比较差。

无磁模具钢主要用来制造磁性材料用的无磁模具和无磁轴承，还可以用来制造 700~800 ℃ 下使用的热作模具。

任务三　冷作模具材料的选用

冷作模具种类多，形状结构差异性大，工作条件和性能要求不一，使得模具材料的选择变得非常复杂，必须全面综合各种因素才能做到合理地选材。

知识点一　选择冷作模具材料的主要原则

1) 满足使用性能

根据模具的工作条件、失效方式和寿命要求，以及可靠性高低等提出对模具材料强度、硬度、耐磨性和韧性等使用性能方面的要求。在众多的要求中确定其中的几个主要性能指标作为选择材料的主要依据，根据工作条件分析要同时兼顾其他要求。

①承受大负荷的重载模具，应选用高强度材料；承受强烈摩擦和磨损的模具，应选用硬度高、耐磨性好的材料；承受冲击负荷大的模具，应选用韧性高的材料。

②形状复杂、尺寸精度要求高的模具，应选用微变形材料。

③结构复杂、尺寸较大的模具，宜采用淬透性、变形小的高合金材料或制成镶拼结构。

④对于小批量生产或新产品试制，可选用一般材料，如碳素钢；当生产批量大或自动化程度高时，宜选用高合金钢或钢结硬质合金等材料。

2) 工艺性能良好

从降低制造成本来说，良好的工艺性能主要包括：良好的机械加工工艺性和电加工工艺性；良好的锻造工艺性；良好的热处理工艺性（包括良好淬硬性、淬透性、工艺简单等。)

3) 经济性能

这里所指的经济性能是指综合成本（性能价格比），而非一次性成本，在满足性能和寿命要求的前提下尽量采用价格比较低廉的材料，少用或不用稀缺和贵金属材料。

知识点二　常用冷作模具材料的选择

1）冷冲裁模具

冲裁模主要用于各种板料的冲切成形,按其功能不同可分为剪裁、冲孔、落料、切边、整修和精冲等工序。

（1）冷冲裁模的工作条件和失效形式

冲裁模的工作部位是刃口,冲裁时,受力情况如图5-39所示。当凸模下降至板料接触时,板料就受到了凹凸模端面的作用力。由于凸凹模之间存在间隙,使凸凹模施加于板料的力产生一个剪力矩 M,这个力矩使被冲板料旋转一个角度 α,这时板料则对冲裁模刃口产生一个侧向压力 $F1$,在 $F1$ 的作用下,冲裁模刃口部受到很大的弯曲应力。其次,模具与被冲板料总有一定间隙,并且间隙分布不均匀,使得刃口部位在工作时总是承受强烈的冲击。同时,板料与刃口部位产生剧烈的摩擦,从而导致刃口磨损。板料强度越高,厚度越大,磨损越严重,模具寿命越短。

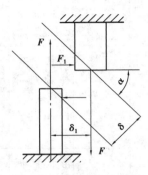

图 5-39　冲裁模受力特点

因此,冲裁模具的正常失效形式主要是磨损,刃口由锋利变圆钝。磨损达到一定程度,会使冲裁件产生毛刺,为此,生产中常用磨削的方法使刃口重新锋利。经过多次磨刃,凸模变短,凹模变薄,直至无法工作而失效。除此之外,还可能由于模具安装调试不良,冲裁时工艺执行不严或热处理不当等造成崩刃和凸模折断等非正常失效。

依据上述分析,对冲裁模的主要性能要求是高的硬度和耐磨性,足够的抗压、抗弯强度和适当的韧性。但是被冲板料厚度不同,性能要求有所差异。对于薄板冲裁,以高耐磨、高精度要求为主;对于厚板冲裁,除需要高耐磨性外,还应具有高的强韧性。

凹凸模的性能要求也有所差异,对于凹模来说,抗弯强度要求低些,而抗压强度和韧性的要求比凸模高。这是因为凹模具在侧压力作用下处于拉应力状态,引起开裂的可能性较大。

（2）冷冲裁模的材料选用

冷冲裁模具的材料选用,主要根据产品的形状和尺寸、被冲材料特性、工作载荷大小、失效形式、生产批量、模具成本等因素来决定。

形状简单、载荷轻的冲裁模,可尽量采用成本低的碳素工具钢制造,只要热处理工艺适当,完全可以达到使用要求。

形状复杂、尺寸较大、工作载荷较轻、要求热处理变形小的冲裁模,可选用低合金工具钢制造。

对于大中型模具,制造工艺复杂,加工成本高,材料成本只占模具总成本的 $10\% \sim 18\%$,可选用高耐磨、高淬透性、变形小的高碳中铬钢、高铬钢、高速钢、基体钢、高强韧性低合金冷作模具钢制造。

对于大量生产的冷冲裁模,要求使用寿命高,可选用硬质合金、钢结硬质合金来制造。表5-26 为冷冲裁模的选材举例及工作硬度,以供参考。

表 5-26　冷冲裁模的材料选用举例及工作硬度

模具类型		工作条件	推荐选用的材料牌号		工作硬度/HRC	
			中、小批量生产	大量生产	凸模	凹模
冲裁模	硅钢片冲模	形状简单,冲裁硅钢薄板厚度≤1 mm 的凸凹模	CrWMn,Cr6WV,(Cr12),(Cr12MoV)	GM（9Cr6W3Mo2V2）;YG15/YG20 或 YG25硬质合金,钢结硬质合金(另附模套,模套材料可采用中碳钢或T10A)	60~62	60~64
		形状复杂,冲裁硅钢薄板≤1 mm 的凸凹模	Cr6WV,(Cr12),Cr4W2MoV,Cr2Mn2SiWMoV,(Cr12MoV)			
	钢板落料、冲孔模	形状简单,冲裁材料厚度≤4 mm 的凸凹模	T10A,9Mn2V,9SiCr,GCr15	GM（9Cr6W3Mo2V2）;YG15;YG20 或 YG25硬质合金;钢结硬质合金(另附模套,模套材料可采用中碳钢或T10A)	薄板(≤4 mm)58~60;厚板:<56	薄板(≤4 mm)58~60;厚板:<56
		形状复杂,冲裁材料厚度≤4 mm 的凸凹模	CrWMn,9CrWMn,9Mn2V,Cr5MoV,LD-2(7Cr7Mo3V2Si),GD(6CrNiSiMnMoV)			
		形状复杂,冲裁材料厚度≥4 mm 的凸凹模	(Cr12),(Cr12MoV),Cr4W2MoV,Cr2Mn2SiWMoV,5CrW2Si,CD(6CrNiSiMnMoV)	同上,但模套材料需采用中碳合金钢		
	冲头	轻载荷(冲裁薄板,厚度≤4 mm)	T7A,T10,9Mn2V,CD(6CrNiSiMnMoV)		$\phi < 5$ mm:56~62;$\phi >$10 mm:52~60;56~60	
		轻载荷(冲裁厚板,厚度>4 mm)	W18Cr4V,W6Mo5Cr4V2,6W6Mo5Cr4V,基体钢			

续表

模具类型		工作条件	推荐选用的材料牌号		工作硬度/HRC	
			中、小批量生产	大量生产	凸模	凹模
冲裁模	剪刀（切断模）	剪切薄板（厚度≤4 mm）	T10A，T12A，9Mn2V，GCr15		45~50；54~58	
		剪切薄板的长剪刀	CrWMn，9CrWMn，9Mn2V，GCr15，Cr2Mn2SiWMoV			
		剪切厚板（>4 mm）	5CrW2Si，Cr4W2MoV，（Cr12MoV），6W6Mo5Cr4V，5CrNiMnSiMoWV		60~64	
	修（切）边模	形状简单的	T10A，T12A，9Mn2V，GCr15		56~60	58~62
		形状复杂的	CrWMn，9Mn2V，Cr2Mn2SiWMoV，基体钢			

注：表中括号中的牌号，不推荐使用，可用 Cr6WV，Cr4W2MoV，GM，GD，ER5 钢代替。

在选用冷作模具材料时，一定要重视新模具材料的应用。其中 Cr6WV，Cr4W2MoV，Cr2Mn2SiWMoV，GD，LD，GM，ER5，8Cr2MnWMoVS，65Nb，7CrSiMnMoV 等替代一些老钢种具有良好的效果。表 5-27 是新型冷作模具钢在冷冲裁模方面的应用实例。

表 5-27　新型冷作模具钢在冷冲裁模方面的应用效果

模具名称	钢　号	平均寿命对比
簧片凹模	Cr12，CrWMn，GD	总寿命：15 万件 60 万件
接触簧片级进模凸模	W6Mo5Cr4V2 CD	总寿命：0.1 万件 2.5 万件
GB66 光冲模	60Si2Mn LD	总寿命：1.0 万~1.2 万件 4.0 万~7.2 万件
中厚 45 钢板落料模	Cr12MoV，T10A CH-1（7CrSiMnMoV）	刃模一次寿命：600 件 1 300 件

续表

模具名称	钢 号	平均寿命对比
转子片复式冲模	Cr12,Cr12MoV GM ER5	总寿命:20 万~30 万件 100 万~120 万件 250 万~360 万件
印制电路板冲裁模	T10A,CrWMn 8Cr2MnWMoVS	总寿命:2 万~5 万件 15 万~20 万件
高速冲模	W12Cr4Mo2VRE	总寿命:200 万~300 万件 (模具费用比 YG20 大大降低)

对于冲裁模辅助零件的材料选择及对热处理的硬度要求见表 5-28。

表 5-28　冲裁模辅助零件的选材及热处理要求

零件名称	选用材料	热处理硬度/HRC
上、下模板	HT200,ZG45,Q235	
导柱、导套	T8A,T10A 或 Q235	60~62(Q235 渗碳淬火)
垫板、定位板、挡板、挡料钉	45	43~47
导板、导正钉	T10A	50~55
侧刃、侧刃挡板	T8A,T10A,CrWMn	58~62
斜楔、滑块	T8A,T10A	58~62
弹簧、簧片	65,65Mn,60Si2Mn	43~47
顶杆、顶料杆(板)	45	43~47
模板、固定把	Q235	

2)冷镦模具

冷镦时,金属毛坯在室温下受到冲击压力而发生塑性变形,并在模具中使坯料体积重新分布与转移,从而得到所需要的形状。冷镦成形工艺主要用于紧固件(各种规格的螺钉、螺帽)的成形。

(1)冷镦模具的工作条件和失效形式

冷镦模具在工作过程中要承受很大的冲击力,单位压力可达 2 000~2 500 MPa,并且冲击频率很高。凹模的型腔表面和冲头的工作表面还要承受强烈的冲击摩擦,工作温度可达 300 ℃左右。此外,由于被冷镦材料的不均,坯料的端面不平,冷镦机调整精度不够等原因,还使冲头受到弯曲应力。

冷镦模具的主要失效形式如下:

①擦伤。在冷镦压过程中,由冲击摩擦造成冲头和凹模工作表面出现沟痕或磨损。

②崩落。在强力冲击摩擦作用下,坯料上的金属常黏附在凹模上形成一定厚度的环带,这层环带的存在造成冷镦凸模偏离正常工作位置,引起打击力的偏载,致使局部区域超过抗拉强度而成块崩落。

③脆性开裂。常见于冷镦凹模,一般有两种形式:一种是在擦伤严重处或非金属夹杂物

126

偏析而引起脆性开裂;另一种是因整个截面淬硬或钢中碳化物或非金属夹杂物偏析而引起脆性开裂。

④冷镦模常因硬度不足或硬化层过浅而凹陷,或因尺寸超差而过早报废。

综上失效分析可知,擦伤和脆性开裂是导致失效的主要原因,为保证冷镦模具的一定寿命要求,必须有足够的抗压强度、弯曲疲劳强度和耐磨性。尤其是冷镦凹模,需要良好的强韧性配合,一般冷镦凹模的硬化层为 1.5~4 mm,硬度 58~62 HRC,而心部只需硬度较低、韧性较好的索氏体组织,不能将整个截面淬硬。

（2）冷镦模具的材料选用

根据冷镦模的工作条件及硬化层不能过浅也不能整个截面淬硬的特点,对这类模具材料的选择,应按模具零件不同部位的受力情况、截面大小、硬化层深度要求,以及生产批量的大小等因素来决定。

对于轻负荷的小型凹模,大都采用表面具有一定硬化层的整体模块。当要求硬化层深度不大时,可选用 T10A 钢(淬硬层约 1.5~2 mm)制造;如要求较深些的硬化层,则可选用低合金工具钢;高淬透性钢在这种场合是不适宜的。对于负荷较重和形状较复杂的凹模,可选用高碳中铬钢或高速钢、基体钢制作的镶嵌模块,这种镶嵌模块可以用压入法或热套法嵌入用韧性较好的材料制成的模套内。产量超过 20 万件以上时,可以选用钨钴类硬质合金或钢结硬质合金制成的镶嵌模块,这类材料耐磨性高,且公差小,使用寿命长,足以补偿其高的成本费用。

用作冷镦凸模(冷冲头)的材料,应当有良好的减摩性和耐磨性,还要有足够的硬度,以免在受冲击的地方塌陷。当轻负荷时,多采用 T10A 钢或低合金工具钢制造。在模具尺寸较大和重载时,应采用和凹模相同的材料制成模块式镶拼模具。

切裁工具必须硬而耐磨,并需要一定的热硬性。顶出杆要有好的韧性,同时也要耐磨,选择这类辅助件材料,可根据具体情况决定。

3）冷挤压模具

冷挤压是在常温下,利用模具在压力机上对金属以一定的速度施加相当大的压力,使金属产生塑性变形,从而获得所需形状和尺寸的零件。

冷挤压模具由凸模(冲头)及凹模组成,按被挤压金属的流动方向与凸模运动方向之间的关系可分为正、反挤压和复合挤压。

（1）冷挤压模具的工作条件和失效形式

金属的冷挤压成形,是在强烈的三向压应力下完成的,其变形抗力要比其他压力加工方法大得多。挤压有色金属时,截面上的平均压应力可达 1 000 MPa 以上;正挤压钢材时,达 2 000~2 500 MPa;反挤压钢材时,局部达到 3 000~3 500 MPa。同时,在冷挤压变形过程中,模具表面由于反复与被挤压材料剧烈地摩擦,不但使接触面磨损大,而且产生大量的摩擦热使模具温度迅速升高,一般最低温度可达 160~180 ℃,高的可达 300~400 ℃。

冷挤压模具的正常失效方式主要是擦伤磨损或氧化磨损,而早期失效形式主要是凸模的断裂。除了以上两种由装配不良导致冲头折断外,还有两种断裂方式:一种是"劈断"式破裂,原因是当凸模所受到的应力达到了材料屈服点时,凸模便产生塑性变形,工作端长度缩短,而直径有所增大,并产生拉应力,在与拉应力垂直的方向上有可能产生裂纹,再继续使用时,裂纹扩展并超过中心,最后完全裂开;另一种断裂为"脱帽"断裂,它是发生在制作从凸模的工作端承受拉应力而使端部折断,其产生原因因为凸模的几何形状不合理或因磨损过大而破坏了凸模的工作状态。

综上所述,冷挤压模具必须具有高的强韧性、良好的耐磨性、一定的热疲劳性和足够的回火稳定性,与厚板冲裁模有相似之处。

(2)冷挤压模具的材料选用

为了提高冷挤压模的使用寿命,保证冷挤压模具具有良好的性能,在选材上要注意:碳素工具钢和低合金工具钢淬硬性、强韧性和耐磨性较差,使用中易折断、弯曲和磨损,有时挤压模具会被压成鼓形,只宜作冷挤压应力较小、批量也不大的冷挤压模具;Cr12 型钢是正挤压模具普遍采用的钢种,但在使用中,因韧性低,碳化物偏析严重,其脆断倾向大,正逐步被新型冷作模具钢替代;高速钢的抗压强度、耐磨性在冷作模具钢种最高,特别适宜制作承受高挤压负荷的反挤压凸模。但高速钢与 Cr12 型钢有同样的问题,即韧性低,易脆断,W18Cr4V 钢更严重,为克服高速钢的缺点,保持其优点,生产中常用低温淬火来提高钢的断裂抗力;降碳型高速钢和基体钢用于冷挤压模具效果十分显著,降碳型高速钢主要用于冷挤压冲头。但对于大批量生产的模具,这两类钢的耐磨性还欠缺。对于大批量生产的冷挤压模具,应采用硬质合金,应用最多的是钢结硬质合金,常用来作冷挤压凹模。

4)冷拉深、拉丝模具

(1)拉深模具

拉深又称为拉延和压延。它是利用模具使平面材料变成开口空心零件的冲压方法。

①拉深模的工作条件和失效形式

拉深时,凹模承受强烈的摩擦和径向应力,凸模主要承受轴向压缩力和摩擦力的作用,高速拉深时,工作表面温度可达 400~500 ℃。

拉深模常见的正常失效形式是黏附。在拉深过程中,金属受力流动时,金属材料和模具表面的凸出点所承受的压力最大,应力较集中,由于被拉深材料的塑性流动导致局部发热,致使它们瞬时焊合在一起,加上切向力的作用,使材料撕落而黏附在模具表面,形成凹凸不平的伤痕,黏结成瘤。若继续拉深,将会使制件的表面粗糙度增大,严重时将无法继续工作。对拉深模具的主要性能要求是具有较高的强度和耐磨性,在工作中不发生黏附和划伤。

②拉深模的材料选用

拉深模具的耐磨性能好坏,与被拉材料的种类、厚度、变形量、润滑方法及模具的设计和加工精度等因素有关。因此,对这类模具材料的选择,应按照其具体工作条件来决定。对于中小型模具,可选用质量较好的模具钢;对于大中型模具,在满足模具使用性能要求的前提下,应尽量采用价格低廉的材料,如球墨铸铁等;对于大批量生产的模具或模具上磨损严重的部位,可采用镶嵌模块式的方法解决,即在合金铸铁模框中镶嵌质量较好的材料作为模芯。

为了防黏附,在拉深铝、铜合金和碳素钢时,可对凸模和凹模材料进行渗氮和镀铬。拉深奥氏体不锈钢时,采用铝青铜作凹模材料,对抗黏附性能起到很好的作用。当生产批量较大时,需采用高碳中铬钢和高碳高铬钢作凹模材料,应进行渗氮和抛光,同样也有防黏附效果。硬质合金虽然适于大量生产的模具,但在无润滑情况下,极易发生黏附。

(2)拉丝模的材料选用

拉丝模属于变形量小的冷作压力加工模具,刃口部分承受强烈的摩擦力和较大的径向弯曲力。其失效形式主要是磨损和崩刃等。因此,拉丝模要求高的硬度和耐磨性以及良好的抗黏附性能。

拉丝模成形零件的材料选择,主要根据被加工材料的类别、线径大小、生产批量等因素和力求经济适用的原则来决定。

任务四　冷作模具钢的锻造及热处理技术

在模具材料选定之后,模具钢的锻造和热处理就是影响模具使用性能的主要工艺因素,因为模具材料的组织将由它们决定。为了满足冷作模具的性能要求,理想的组织应该是在高硬度、高强韧性的基体上均匀弥散分布着圆形细粒状硬质相(一般为碳化物),要做到这样,就必须采用合理的锻造和热处理技术。

知识点一　冷作模具钢的锻造

模具用钢大多为高碳、高合金钢,这些材料存在成分偏析、组织偏析、碳化物粗大不均、晶粒粗大等缺陷。锻造的目的就是提高材料的均匀性,改善碳化物的结构和分布,焊合内部缺陷提高材料的致密性,改善材料的流线分布提高材料的承载能力。

高碳高合金钢导热性差,塑性低,变形抗力大,锻造温度范围窄(200 ℃左右),因此,在锻造的加热和冷却过程中产生内应力的倾向性较大,难于变形,易于过热,易于锻裂。必须遵循以下工艺操作要点:

①锻造加热和冷却要以缓慢而均匀的速度进行。对于尺寸较大的坯料需进行预热,再进行加热。加热时要经常翻动,使温度均匀,以减少内应力,锻后在干砂内冷却。

②严格控制锻造温度范围,低于终锻温度时必须立即返炉,温度回升后再锻时应减轻锤击,并力争一火锻成,终锻温度不要高于1 000 ℃,以免锻后晶粒粗化。

③锻造时,所用工具的圆角半径应大些,表面要光洁并进行预热,锤头与锤砧应预热至200~300 ℃。

④锤击操作应掌握"二轻一重"和"两均匀(各部温度均匀、变形均匀)"的操作要领,以减少内应力,为确保做到"两均匀",锻件应经常翻动和送进,压下量要适中,不要在同一部位重复变形。

⑤锻件要尽量避免冲孔和扩孔,必须冲扩孔时,冲头锥度不宜过大。孔不能一次冲透需经中间加热后从反面将孔冲通。

控制高碳高合金钢的锻造质量,还需注意锻造方法的选择。一般来说,对于较小锻件,或心部质量要求不很高的模具锻件,如冲头、滚丝模、圆剪刀等可采用轴向反复镦拔;对于工作部位在心部的某些模具锻件,如冷镦凹模,可以采用径向反复镦拔;对于内部及外部质量要求很高的锻件,如冷冲模、拉深模可采用十字镦和三向镦拔。镦拔的次数取决于碳化物不均匀的级别和对碳化物不均匀度级别的要求,一般每镦拔3次可提高1~2级。反复镦拔时的总锻造比是各次锻造比之和,总锻造比一般选取8~10,反复镦拔时的每次锻造比应为2左右,不宜太大。

为使锻造深透,锻锤吨位应选择得当。吨位过小,变形只在表面进行,锻坯心部质量得不到改善。吨位过大,打击过重,容易锻裂。锻造高合金钢时,锻锤吨位的选择可参见表5-29。锻造低合金工具钢或碳素工具钢时,锻件的尺寸或重量可加大一倍。

表 5-29　锻造高合金钢锻锤吨位的选择

锻锤吨位/kg	锻造范围		锻锤吨位	锻造范围	
	拔长时坯料直径或边长/mm	反复镦拔坯料质量/kg		拔长时坯料直径或边长/mm	反复镦拔坯料质量/kg
150	≤35	<1	500	50~85	3~7
250	≤40	1~1.5	700	70~120	5~15
300	20~50	1~3	1 000	85~150	10~25
400	35~70	2~5			

钢结硬质合金锻造的最初 1~3 火,一般是进行镦粗和拔长。拔长宜尽量在 V 形铁砧或胎模中进行。待锻透后再逐步改变坯料的形状和尺寸。

知识点二　模具热处理技术

模具的淬火变形与开裂、使用过程中的早期开裂,虽然与材料的冶金质量、锻造质量、模具结构及加工有关,但与模具的热处理加工关系更大。根据模具失效原因的分析统计,热处理引起的失效占 5% 以上。因此,在模具材料选定之后,还必须配以正确的热处理,才能保证模具的使用性能和寿命。

本节重点叙述各类冷作模具的热处理特点以及传统工艺的优化问题,以供在制订和实施热处理工艺时参考。

1)冷作模具的制造工艺路线

模具的成形加工和热处理工序安排对模具的质量也有很大影响,在制订与实施热处理工艺时,必须予以考虑。

通常冷作模具的制造工艺路线有以下 3 种:

①一般冷作模具:锻造→球化退火→机械加工成形→淬火与回火→钳修装配。

②成形磨削及电加工冷作模具:锻造→球化退火→机械粗加工→淬火与回火→机械加工或电加工成形→钳修装配。

③高精度冷作模具:锻造→球化退火→机械粗加工→去应力退火或调质→加工成形→淬火与回火→钳工装配。

在热处理工序安排上要注意以下几点:对位置公差和尺寸公差要求严格的模具,为减少热处理变形,常在机械加工之后安排高温回火或调质处理;对线切割加工模具,由于线切割加工破坏了淬硬层,增加了淬硬层脆性和变形开裂的危险性,因此,线切割加工之前的淬、回火,常采用分级淬火或多次回火和高温回火,以使淬火应力处于最低状态,避免模具线切割后应及时进行再回火,回火温度不高于淬火后的回火温度。

2)冷作模具的淬火

淬火是冷作模具的最终热处理中最重要的操作,它对模具的使用性能影响极大。主要的工艺问题如下:

①合理选择淬火加热温度

既要使奥氏体中固溶一定的碳和合金元素,以保证淬透性、淬硬性、强度和热硬性,又要有适当的过剩碳化物,以细化晶粒,提高模具的耐磨性和保证模具具有一定的韧性。

②合理选择淬火保温时间

生产中通常采用到温入炉的方式加热,其淬火保温时间是指仪表指示到给定的淬火温度算起,到工件出炉为止所需时间。常用以下经验公式确定:

$$t = \alpha D$$

式中　t——淬火保温时间,min 或 s;

　　　α——加热系数,min/mm 或 s/mm,参见表 5-30,为常用钢的加热系数;

　　　D——工件有效厚度,mm。

表 5-30　常用钢的加热系数 α　　　　　　　　单位:min/mm

工件材料	工件直径/mm	<600 ℃箱式电阻炉中预热	750～850 ℃盐浴炉中加热或预热	800～900 箱式或井式电阻炉中预热	1 100～1 300 ℃高温盐浴炉中加热
碳钢	≤50	—	0.3～0.4	1.0～1.2	—
	>50		0.4～0.5	1.2～1.5	
低合金钢	≤50	—	0.45～0.50	1.2～1.5	—
	>50		0.50～0.55	1.5～1.8	
高合金钢	—	0.35～0.4	0.30～0.35	—	0.17～0.2
高速钢	—	—	0.30～0.35	—	0.16～0.18

实际热处理时,必须根据具体情况具体分析。例如,有些模具零件要快速加热,短时保温,有些需充分加热与保温。特别是复杂模具,更要综合考虑各种影响因素,并通过实验来确定其淬火保温时间。

③合理选择淬火介质

高合金冷作模具钢因淬透性好,可用较缓的淬火介质淬火,如气冷、油冷、盐浴分级淬火等;碳素工具钢和低合金工具钢模具,为了保证足够的淬硬层深度,同时减少淬火变形和防止开裂,常采用双介质淬火,如水—油淬火、盐水—油淬火、油—空冷淬火、硝盐—空冷淬火等。还可以采用一些新型的淬火介质,如三硝水溶液(三种硝盐混合的过饱和水溶液)、氯化锌—碱溶液、氯化钙水溶液等,以简化淬火操作,提高淬火质量。

④采用合适的淬火加热保护措施

氧化与脱碳严重降低模具的使用性能,淬火加热时必须采取防护措施。通常防氧化、脱碳的方法如下:

a.装箱保护法。在箱内或沿箱四周填充保护剂,常用的保护剂有木炭、旧的固体渗碳剂、铸铁屑等。

b.涂料保护法。采用刷涂、浸涂和喷涂等方法把保护涂料涂敷在模具表面,形成致密、均匀、完整的涂层,涂料配比一般为:耐火黏土 10%～30%(质量分数);玻璃粉 70%～90%(质量分数),再在每千克涂料的混合料中加水 50～100 g,拌匀后使用。使用时,涂层厚 0.1～1 mm 即可。涂料有商品可购,应用时应注意它们的适用温度和钢种。

c.包装保护法。国内有两种方法:一种是将模具放入厚度约为 0.1 mm 的不锈钢箔内,并加入一小包专门的保护剂,然后将袋口像信封口一样封好即可加热,淬火时将模具零件由袋内取出淬火;另一种是采用防氧化脱碳薄膜,它的成分是硼酸、玻璃料和橡胶黏结剂,可以折叠,使用时只要将像纸一样的薄膜将工件包住,即可加热。这种薄膜在300℃左右就开始熔化变成一层黏稠状的保护膜,淬火时自动脱落,工件淬火后表面呈银白色,保护效果良好。d.盐浴加热法。它是模具淬火加热的主要方式之一,具有加热速度快而均匀、不易氧化脱碳的优点。

3)冷作模具的强韧处理

冷作模具钢的强韧处理工艺主要包括低淬低回、高淬高回、微细化处理、等温淬火和分级淬火处理。

(1)冷作模具钢的低温淬火工艺

所谓低温淬火是指低于该钢的传统淬火温度进行的淬火操作。实践证明,适当地降低淬火温度,降低硬度,提高韧性,无论是碳素工具钢、合金工具钢还是高速钢都可以不同程度地提高韧性和冲击疲劳抗力,降低冷作模具脆断、脆裂的倾向性。表5-31是几种常用冷作模具钢的低淬低回强韧化处理规范,以供选择参考。

表 5-31 几种常用冷作模具钢的低淬低回强韧化处理工艺规范

钢 号	常规淬火温度/℃	低淬低回工艺规范	硬度/HRC
CrWMn	820~850	800~810℃加热,150℃油中冷却10 min,210℃回火1.5 h	58~60
Cr12	970~990	850℃预热,930~950℃加热保温后油冷,320~360℃回火两次1.5 h	52~56
Cr12MoV	1 020~1 050	980~1 000℃加热保温后油冷400℃回火	56~59
W18Cr4V	1 260~1 280	1 200℃加热保温后油冷600℃回火两次1 h	59~61
W6Mo5Cr4V2	1 150~1 200	1 160℃加热保温后油冷300℃回火	59~61

(2)冷作模具钢的高温淬火工艺

对于一些低淬透性的冷作模具钢,为了提高淬硬层厚度,常常采用提高淬火温度的方法,如 T7A—T10A 钢制 $\phi25\sim50$ mm 的模具,淬火温度可提高到830~860℃;GCr15(Cr2)钢的淬火温度可由原来的860℃提高到900~920℃,模具的使用寿命可提高1倍以上。

一些抗冲击冷作模具钢,采用高温淬火,具有较高锻裂韧度、冲击韧度和优良的耐磨性,如 60Si2Mn 钢采用920~950℃淬火,铬钨硅系钢采用950~980℃淬火,模具寿命都有大幅度提高。

低淬是指采用比传统淬火温度低的温度进行淬火。采用这种方式可以提高材料的韧性、冲击和疲劳抗力,但是硬度略有下降,这样可以降低材料脆断、脆裂的倾向性。

(3)冷作模具钢的微细化处理

微细化处理包括钢中基体组织的细化和碳化物的细化两个方面。基体组织的细化可提高钢的强韧性,碳化物的细化不仅有利于增加钢的强韧性,而且可增加钢的耐磨性。微细化精处理的方法通常有两种:

①四步热处理法

冷作模具钢的预备热处理一般都采用球化退火,但球化退火组织经淬、回火,其中,碳化物的均匀性、圆整度和颗粒大小等因素对钢的强韧性和耐磨性的影响尚不够理想。采用 4 步热处理法,可使钢的组织和性能得到很大的改善,模具的使用寿命可提高 1.5~3 倍。具体工艺过程为:第 1 步,采用高温奥氏体化,然后淬火或等温淬火;第 2 步,高温软化回火,回火温度以不超过 Ac1 为界,从而得到回火托氏体或回火索氏体;第 3 步,低温淬火,由于淬火温度低,已细化的碳化物不会融入奥氏体而得以保存;第 4 步,低温回火。

在有些情况下,可取消模具毛坯的球化退火工序,而用上述工艺中第一步加第二步作为模具的预备热处理,并可在第一步结合模具的锻造进行锻造余热淬火,以减少能耗,提高工效。

典型的 4 步热处理工艺规范如下:

A.9Mn2V 钢:820 ℃油冷+650 ℃回火+750 ℃油冷+200 ℃回火。

B.GCr15 钢:1 050 ℃奥氏体化后 180 ℃分级淬火+400 ℃回火+830 ℃加热保温后油冷+200 ℃回火。

C.CrWMn 钢:970 ℃奥氏体化后油冷+560 ℃回火+820 ℃加热保温后 280 ℃等温 1h+200 ℃回火。

②循环超细化处理

将冷作模具钢以较快速度加热到 Ac1 或(Acm)以上的温度,经短时停留后立即淬火冷却,如此循环多次。由于每加热一次晶粒都得到一次细化,同时在快速奥氏体化过程中又保留了相当数量的未溶细小碳化物,循环次数一般控制在 2~4 次。因此,经处理后的模具钢可获得 12~14 级超细化晶粒,模具使用寿命可提高 1~4 倍。

典型的循环超细化处理工艺规范如下:

9CrSi 钢:600 ℃预热升温至 800 ℃保温后油冷至 600 ℃等温 30 min+860 ℃加热保温+160~180 ℃分级淬火+180~200 ℃回火。

Cr12MoV 钢:1 150 ℃加热油淬+650 ℃回火+1 000 ℃加热油淬+650 ℃回火+1 030 ℃加热油淬 170 ℃等温 30min 空冷+170 ℃回火。

(4)冷作模具钢的分级淬火和等温淬火

分级淬火和等温淬火不仅可以减少模具的变形和开裂,而且是提高冷作模具强韧性的重要方法。常用冷作模具钢的分级淬火和等温淬火工艺见表 5-32。

表 5-32　冷作模具钢的分级淬火和等温淬火工艺规范

钢号	分级淬火或等温淬火工艺规范	处理后硬度 /HRC	使用范围
60Si2Mn	870 ℃加热保温后油冷,再加热到 790 ℃保温后以 40 ℃/h 冷至 680 ℃后炉冷至 550 ℃出炉空冷。然后 870 ℃加热保温后入 250 ℃等温 1 h	55~57	冷镦模
9CrSi	850 ℃加热保温后 240~250 ℃等温 25 min 空冷	56~60	拉丝模
	850 ℃加热保温后 240~250 ℃等温 25 min 空冷 200~250 ℃回火		
	850 ℃加热保温后 210 ℃等温 250 ℃回火两次		
CrWMn	820~840 ℃加热,240 ℃等温 1 h 空冷	57~58	冷挤凸模,钟表元件小冲头等
	830~840 ℃加热,240 ℃等温 1 h 空冷 250 ℃回火 1 h	57~58	
	810~820 ℃加热,240 ℃等温 1 h 空冷 250 ℃回火 1 h	54~56	

续表

钢号	分级淬火或等温淬火工艺规范	处理后硬度 /HRC	使用范围
Cr12	980 ℃加热 200~240 ℃分级 10 min 后油冷 20 min,180~200 ℃回火	61~64	硅钢片冲模
	980 ℃加热,260 ℃等温 4 h,220~240 ℃回火		
Cr12MnV	1 000 ℃加热,280 ℃分级 400 ℃回火	57~59	滚丝模、下料冲模等
	1 000 ℃加热,280 ℃分级 550 ℃回火	54~56	
	1 000 ℃加热,280 ℃等温 4 h,400 ℃回火	54~56	
	980 ℃加热,260 ℃等温 2 h,200 ℃回火	55~57	
W18Cr4V	1 250~1 270 ℃加热,240~260 ℃等温 3 h,560 ℃×1 h 回火 3 次	62~64	冲头
Cr4W2MoV	1 000 ℃加热,260 ℃等温 1 h,220 ℃回火三次	56~58	弹簧孔冲模
	1 020 ℃加热,260 ℃等温 1 h,520 ℃回火 2 h,220 ℃回火 2 h	58~59	

（5）其他强韧化处理方法

除上述方法以外,还有形变热处理、喷液淬火、快速加热淬火、消除链状碳化物组织的预处理工艺、片状珠光体组织预处理工艺等都可以明显提高冷作模具钢的强韧性。

4）主要冷作模具的热处理特点

（1）冲裁模热处理特点

冲裁模的工作条件、失效形式、性能要求不同,其热处理特点也不同。

①对于薄板冲裁模,应具有高的精度和耐磨性,因此,在工艺上应保证模具热处理变形小、不开裂和高硬度。通常根据模材类型采用不同的减少变形的热处理方法。

②对于重载冷冲模,其主要失效形式是崩刃、折断,因此,重载冷冲模的特点是保证模具获得较高强韧性。在此前提下,再进一步提高模具的耐磨性。通常采用的强韧化处理方法有细化奥氏体晶粒处理、细化碳化物处理、贝氏体等温淬火处理、循环超细化处理、低温低淬等方法。

③对于冷剪刀,国内主要采用 5CrW2Si,9SiCr,Cr12MoV 钢制造,由于工作条件差异大,其工作硬度范围也大,通常为 42~61 HRC。为减少淬火内应力,提高刀刃抗冲击能力,一般采用热浴淬火。大型剪刀采用热浴有困难可以用间断淬火工艺,即加热保温后先油冷至 200~250 ℃后转为空冷至 80~140 ℃,立即进行预回火（150~200 ℃）,最后再进行回火。

对于成形剪刀,重载工作时硬度可取 48~53 HRC,中等载荷时可取 54~58 HRC。淬火工艺可采用贝氏体等温、马氏体等温或分级淬火。

（2）冷镦模处理特点

①对于碳素工具钢制冷镦凹模,常采用喷水淬火法。喷水淬火法与整体淬火相比,韧性高,硬度均匀,硬化层沿凹模型腔轮廓均匀分布,这样可以避免过早开裂。另外,根据有关资料,碳素工具钢冷镦模采用片状珠光体组织预处理,模具寿命可显著提高。例如,T10A 钢制螺栓冷镦二序冲模,在球化退火和机械加工后再进行一次完全退火处理,其工艺为 840 ℃保温 3 h,炉冷至 500 ℃出炉空冷。退火组织为片状珠光体。模具最终热处理采用 600 ℃充分预热,淬火加热温度为 840 ℃,在盐炉中加热时间为 30 s/mm,水淬油冷,水温控制在 20~40 ℃,于

200 ℃回火 2 h,硬度为 60~62 HRC。与常规工艺相比,抗压强度提高 1.5 倍,抗压屈服强度提高 2.1 倍,锻裂韧度提高 31%,而一次冲击韧度值有所下降。模具平均使用寿命提高 4 倍。

②冷镦模必须充分回火,回火保温时间应在 2 h 以上,并进行多次回火,使其内应力全部释放。整体淬火的合金钢冷镦模更需如此。

③采用中温淬火、中温回火工艺。对于 Cr12MoV 钢制冷镦凹模,采用 1 030 ℃加热淬火和 400 ℃中温回火,可获得最佳的强韧性配合,冷镦模的断裂抗力明显提高。

④采用快速加热工艺。快速加热可以获得细小的奥氏体晶粒,不仅能减小淬火变形,而且可以提高模具的韧性。

⑤采用表面处理。为了提高冷镦模的耐磨性和抗咬合性,冷镦模通常进行渗硼。通过渗硼,模具表面形成硬度高达 1 100 HV 以上的硼化层,模具基体也得到强化,模具寿命大幅提高。

典型冷镦模的热处理规范见表 5-33。

表 5-33　典型冷镦模的热处理规范

钢　号	热处理规范
T10A	1.快速加热淬火工艺:快速加热温度为 960~980 ℃,喷水淬火形成薄壳硬化状态 2.粗加工后进行完全退火,840 ℃加热保温 3 h 后炉冷至 500 ℃出炉空冷,最终热处理为 830~850 ℃加热后水淬油冷 200 ℃回火,硬度为 60~62 HRC 3.两段回火工艺:将原 240 ℃回火 2 h 改为 200 ℃回火 1 h,使用寿命可提高 50%~100%
62Si2Mn	等温淬火工艺:870 ℃加热保温后,250 ℃等温淬火 250 ℃回火,硬度为 55~57 HRC
Cr12MoV	1.优化回火工艺:改 170 ℃×3 h 回火为 220 ℃×(3~4)h 回火,硬度为 59~61 HRC 2.中温淬火、中温回火工艺:1 020~1 040 ℃淬火,400 ℃回火,硬度为 54~57 HRC
W6Mo5Cr4V2	低温淬火工艺:1 160 ℃淬火,300 ℃回火
65Nb(6Cr4W3Mo2VNb)	1.1 120 ℃油淬+560 ℃×2 h 回火 2.1 120 ℃油淬+550 ℃×1 h 回火+580 ℃×1.5 h 回火

(3)冷挤压模热处理特点

根据冷挤压模的工作条件和失效分析可知,冷挤压模应具有高的硬度、耐磨性、抗压强度、强韧性。一定的耐热疲劳性和足够的回火抗力。为了满足这一性能要求,在材料选定的情况下,必须注意以下热处理特点:

①对于易锻裂或胀裂、回火抗力和耐磨性要求不高的冷挤压模具,一般常采用常规工艺下限温度淬火,以便获得尺寸细小的马氏体,再经回火就可以得到高的强韧性。

②高碳高合金钢制冷挤压模具,淬火后残留奥氏体量较多,一般要采用较长时间的回火或多次回火,以便控制和稳定残留奥氏体量,消除应力,提高韧性,稳定尺寸。

③对于以脆性破坏(折断、劈裂或脱帽)为主、韧性不足的冷挤压模具常采用等温淬火工

艺,其等温温度常在 Ms+(20~50) ℃范围内,经等温淬火后再采用二次回火以减少内应力和脆性,以促使残留奥氏体转变为回火马氏体。

④应用表面强化处理。为获得高的表面硬度和表面残留压应力,冷挤压模常采用表面渗氮、氮碳共渗、镀硬铬和渗硼等工艺,如 Cr12MoV 冷挤压凹模经 990 ℃盐浴渗硼后,使用寿命可提高数倍。

⑤在使用过程中进行低温去应力回火。冷挤压模在使用一段时间后常将模具的成形部位再进行回火,其主要目的是消除使用过程中产生的应力,消除由于挤压载荷交变作用引起的内应力集中和疲劳。表 5-34 是典型冷挤压模的热处理规范。

表 5-34　冷挤压模的热处理规范

钢　号	工艺规范
Cr12MoV	1 020~1 030 ℃加热,200~220 ℃硝盐分级淬火+(160~180) ℃×2 h 回火 3 次,硬度为 62~64 HRC
W6Mo5Cr4V2	凸模:1 240 ℃加热 300 ℃分级淬火+500 ℃×2 h 回火两次
	凹模:1 180 ℃加热 300 ℃分级淬火+500 ℃×2 h 回火两次
LD	凸模:850 ℃预热,1 120~1 150 ℃油淬,560 ℃×1 h 回火 3 次空冷,硬度为 60~62 HRC
65Nb	凹模:850 ℃预热,1 100~1 180 ℃热油淬+560~580 ℃×2 h 回火两次空冷

(4)拉深模热处理特点

拉深模应具有高的硬度、良好的耐磨性和抗黏附性能。为了保证性能要求,在制订和实施热处理工艺时主要注意以下两点:

①要避免模具表面产生氧化脱碳。氧化脱碳会造成模具淬火后硬度不足或出现软点。当表面硬度低于 500 HV 时,模具表面会出现拉毛现象。同时还要防止磨削引起二次回火使表面硬度降低。

②为了提高拉深模表面的抗磨损和抗黏附性能,常对模具进行表面处理,如渗氮、渗硼、镀硬铬、渗钒等。例如,Cr12 钢制螺母拉深模,经 980 ℃淬火、200 ℃回火后,使用寿命为 1 000~2 000件,后经渗钒及淬回火后,寿命提到 1 万件。这主要是因为渗钒以后,表面硬度可达 2 800~3 200 HV,具有很好的耐磨性、抗黏着性和耐蚀性,而且渗层仍保持良好的韧性。

拉深模的典型热处理规范见表 5-35。

表 5-35　拉深模的典型热处理规范

钢　号	工艺规范
Cr12MoV	1 030 ℃淬火+200 ℃硝盐分级淬火 5~8 min+160~180 ℃回火 3 h,硬度为 62~64 HRC;
	1 050~1 080 ℃油淬+500 ℃×2 h 回火 3 次+450~480 ℃离子渗氮
QT500-7	600~650 ℃预热+890 ℃±10 ℃淬入盐水中冷至 550 ℃入油冷至 250 ℃入热油(180~220 ℃),进行分级淬火+160~180 ℃回火 5~7 h
CH-1(7CrSiMnMoV)	890 ℃油淬+200 ℃回火 2 h,硬度 60~62 HRC

知识点三　冷作模具的热处理实例

1）CrWMn 钢制光栏片上冲模的热处理

光栏片是光学仪器中大量使用的零件,用 0.06 ~ 0.08 mm 的低合金冷轧钢带冲制而成。要求严格控制尺寸精度和 α 夹角的公差,端面的表面粗糙度要低于 $Ra0.8$ μm,因此,对光栏片冲模有较高的技术要求。光栏片的上冲模如图 5-40 所示,模具硬度要求为 61 ~ 64 HRC。两个冲针孔之间的夹角 α 为 125°10′±8′。为满足上冲模的技术要求,必须选用合适的钢材和热处理工艺。

光栏片冲模如用碳素工具钢制造,淬火时易产生变形超差。若选用 Cr12 型钢,则由于加工困难,不便于制造。考虑到 CrWMn 钢具有良好的耐磨性和淬透性,且淬火变形小,故选用 CrWMn 钢较为合适。

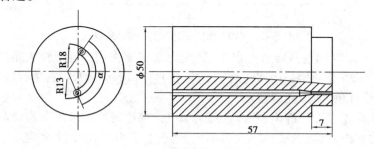

图 5-40　光栏片上冲模简图

该模具的制造工艺路线为:

毛坯→球化退火→粗加工→调质→半精加工→去应力退火→精加工→淬火→精磨。其热处理工艺如下:

①球化退火:800 ℃×(3~4) h,炉冷至 720 ℃,720 ℃×(2~3) h,炉冷至 500 ℃以下出炉空冷。

②调质:830 ℃×15 min,油淬,700~720 ℃×(1~2) h 回火,硬度为 22~26 HRC。

③去应力退火:640 ℃×4 h,炉冷至低于 300 ℃出炉。

④淬火回火:为模具的最终热处理,其工艺如图 5-41 所示。淬火后硬度为 61~64 HRC,α 角变形 2′~6′,可达到设计要求。

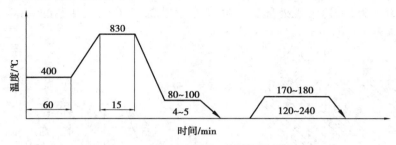

图 5-41　CrWMn 钢光栏片上冲模淬、回火工艺

模具粗加工后的调质处理可细化组织,改善碳化物的弥散度和分布状态,提高淬火硬度和耐磨性。按上述工艺处理的冲模,使用寿命一次可连续冲制 1.2 万件以上,且冲制的光栏片端面的表面粗糙度低,同时可增加模具的修复次数。

2) T10 钢冲裁凹模的热处理

该模具是组合凹模,其中 15 mm 处为配合尺寸,要求变形小。因孔型多,尺寸较大,采用 T10 钢淬火变形开裂可能性较大,要保证 T10 钢淬火变形小,常采用碱浴分级淬火。而该模具厚度为 32 mm,超过了 T10 钢碱淬的临界尺寸,不能淬透;若采用水淬油冷,销钉孔处又易开裂。现采用预冷后三液淬火,其工艺曲线如图 5-42 所示。采取的热处理工艺措施如下:

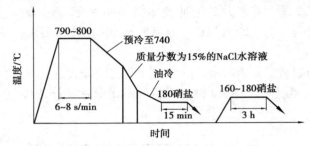

图 5-42　T10 钢组合凹模的淬火工艺曲线

①延迟淬火。T10 钢模具淬火过程中,热应力起主要作用。延迟淬火是减少热应力的措施之一,其操作方法是模具钢奥氏体化后先空冷,使其冷却到 740 ℃左右然后进行淬火。740 ℃左右时,模具呈樱红色,表面挂白盐。

②由于冲裁模要求刃口部位硬度高,其余非工作部位硬度要求不太高,因此,可采用仅使刃口局部淬硬的方法,以减少模具淬火后的比容变化,有利于防止淬火变形。操作时淬火水冷时间按 0.16~0.12 s/mm 计算,比正常水冷时间短 1/3~1/2。

③由于模具直角处有 φ6 mm 销钉孔,此处壁薄,淬火时易淬透开裂。一般来说,销钉孔并不要求太硬,淬硬了易产生缩孔,使配合的销钉孔装配时发生困难,采用在两个直角处包扎铁皮,可以减缓包扎处的冷却速度。

3) 65Nb 十字槽头冲模的热处理

高速钢、高碳高铬钢制的十字槽光冲模(见图 5-43)寿命低,其失效形式大部分是冲芯折断。用 60SiMn 钢制的光冲模使用寿命可达 2 万件(产品材料硬度 80 HRB),但仍为断尖失效。生产实践表明,十字槽头对强韧性有极高的要求。

采用 65Nb 制造的 GB818M6 光冲模,经低温淬火,高温两次回火(工艺见图 5-44)后,硬度为 59~60 HRC,有很高的强韧性。在 A121 机床上生产 M6 螺钉时,平均使用寿命可达 8.4 万件,最高可达 11.4 万件,比常规处理的光冲模寿命提高 5~6 倍。冲芯的失效形式为疲劳锻裂,最后锻裂区为韧窝断口。

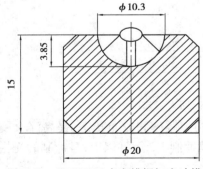

图 5-43　GB818M6 十字槽螺钉光冲模

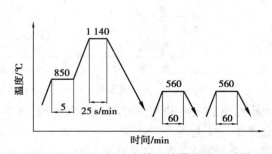

图 5-44　65Nb 钢十字槽光冲模热处理工艺

4) W6Mo5Cr4V2 钢制冷挤压凹模的热处理

冷挤压凹模的尺寸和形状如图 5-45 所示,硬度要求为 62~64 HRC。

该模具是采用成形淬火工艺。淬火前型腔表面粗糙度为 $Ra0.1~\mu m$。由于冷挤压模表面粗糙度对模具寿命有较大影响,它不仅影响金属的流动速度,又影响脱模,淬火时必须注意表面粗糙度的保护。为此,在制订工艺时,根据冷挤压模的工作特点不采用过高的淬火温度,以保证表面粗糙度不受破坏,而采用 1 180 ℃淬火。如图 5-46 所示为该模具的最终热处理工艺曲线。若是采用同类钢制作的冷挤压凸模,应采用 1 230 ℃淬火。因为 1 180 ℃淬火会引起强度的不足,并有镦粗现象,而且钢的耐磨性也显得偏低。

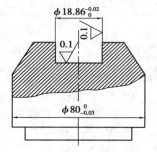

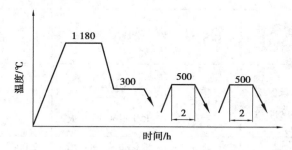

图 5-45　冷挤压凹模简图　　　　图 5-46　W6MoCr4V2 钢制冷挤压凹模淬、回火工艺

经验表明,制订冷挤压模热处理工艺时应该合理解决模具的耐磨性、强度和韧性之间的关系。对于以折断、开裂为主要失效形式的模具,应设法采用提高韧性而宁可牺牲耐磨性的工艺;反之,要提高耐磨性则需提高淬火温度,但此时要注意表面粗糙度的保护。

5) 大型拉深凹模的热处理

该模具的外形尺寸如图 5-47 所示,装在 200 t 摩擦压力机上,将 3 mm 厚平钢板一次拉深成内径 $\phi314$ mm、内高 283 mm 的球面罐。模具的主要失效形式是凹模模面及 R 处的磨损。因此,要求模具有较高的强度和良好的耐磨性。

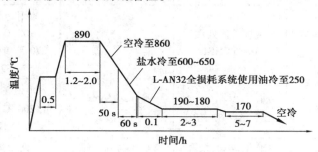

图 5-47　QT500-7 制拉深凹模的热处理工艺

该模具曾采用 Cr12 刚制作,热处理后硬度为 60HRC,但在拉深时发现有黏料现象,后改用牌号为 QT500-7 的铸态高强度球墨铸铁制作,经双介质淬火和马氏体分级等温处理(工艺见图 5-47)后,硬度达到 54~58 HRC,其使用寿命可达 10 万~16 万件,比 Cr12 钢制作的模具高 10 倍以上。这是因为经上述工艺处理后,模具具有高的强度和较高的韧性。同时,铸态的球墨铸铁中存在有均匀密布的球状游离态的石墨,可提高润滑性能和耐磨性,从而使模具寿命达到很高的水平。

6) 综合实例

表 5-36 给出了冷作模具选材、强韧化处理与使用寿命关系的实例,以供参考。

表 5-36　冷作模具选材、热处理与使用寿命

模具	材料	原热处理工艺	失效方式与寿命	改进的热处理工艺	失效方式与寿命
冲头	W18Cr4V	1 260 ℃淬火,560 ℃回火3次,63～65 HRC	<2 000件,脆断	改用 W9MoCr4V 钢,1 180～1 190 ℃淬火,550～560 ℃回火两次,58～60HRC	1.6 万件
手表零件冷冲模	CrWMn	常规工艺处理	脆断	670～790 ℃循环加热淬火,180～200 ℃回火	寿命提高3～4倍
轴承保持架冷冲模	CCr15	球化退火,840 ℃淬火,150～160 ℃回火	2 000件,脆断	1 040～1 050 ℃正火,820 ℃4次循环加热淬火,150～160 ℃回火	1.4 万件,疲劳断裂
冷挤压冲头	Cr12	球化退火,980 ℃淬火,280 ℃回火	7 000～8 000件,脆断、掉块、崩刃	调质,980 ℃淬火,280 ℃回火	10 万件
高速钢锯条冷冲模	W9Mo3Cr4	球化退火,1 100 ℃淬火,200 ℃回火,63～64 HRC	3 万～5 万件	锻后余热球化退火,1 200 ℃淬火,350 ℃和550 ℃回火两次,61 HRC	27 万件
冷挤压凸模	W18Cr4V / W6Mo5Cr4V2 / Cr12MoV	常规工艺处理	300～500件,脆断	改用基体钢,常规工艺处理	5 000件
十字槽冷冲模	T10A	常规工艺处理58～60 HRC	6 000～7 000件折断	改用 9CrSi 钢,900 ℃加热,270 ℃等温淬火,57～59 HRC	>3 万件
冷镦模	Cr12MoV	980 ℃淬火,低温回火,64～67 HRC	5 000～9 000件,崩裂	1030 ℃淬火,200 ℃回火,62 HRC	1.5 万～4 万件
	9CrSi	870 ℃淬火,低温回火,62～65 HRC	2 000～4 000件,崩裂	两次淬火,两次回火	6 000～1.7 万件
精密冷冲凹模	Cr12	常规工艺处理	淬火变形大,崩刃,软塌	改用 8Cr2MnWMoVS 钢,调质,气体氮碳共渗	满足使用要求
冷冲槽钢切断刀片	Cr12	常规工艺处理	2 000～3 000件	改用 7CrSiMnMoV 钢,900 ℃淬火,低温回火,59～62 HRC	5 000～6 000件

续表

模具	材料	原热处理工艺	失效方式与寿命	改进的热处理工艺	失效方式与寿命
丝杠扎丝模	Cr12MoV	常规工艺处理	200~300件，脆性开裂	高温调质，1 020 ℃淬火，400 ℃回火	2 000件
孔冲	W18Cr4V	常规工艺处理	10 000件左右，断裂和磨损	改用W9Mo3Cr4V钢，1 120~1 200 ℃真空淬火，深冷处理，540~580 ℃回火两次	>10万件
精密冷冲模	Cr12MoV	常规工艺处理	10万件，断裂	改用GM钢，1 120 ℃淬火，540 ℃回火两次，64~66 HRC	300万次
切边模	9SiCr	58~60 HRC	6 000件，崩刃或烧口	改用GD钢，900 ℃淬火，180 ℃回火，62 HRC	5万件，崩刃

思考与练习

1.冷作模具钢应具备哪些特性？

2.比较低淬透性冷作模具钢与低变形冷作模具钢在性能、应用上的区别。

3.比较 Cr12 型冷作模具钢与高速钢在性能、应用上的区别。

4.什么是基体钢？有哪些典型钢种？与高速钢相比，其成分、性能特点有什么不同？应用场合如何？

5.简述 GD 钢、GM 钢、ER5 钢的成分、性能和应用特点。

6.7CrSiMnMoV 钢具有哪些特性？为什么说该钢适用于火焰淬火？用于何种要求的冷作模具？

7.从工艺性能和承载能力角度试判断下列钢号属于哪类冷作模具钢：

W6Mo5Cr4V2，Cr4W2MoV，LD-1（Cr7Mo2V2Si），Cr12Mo1V1，5CrW2Si，9Cr18，GM（9Cr6W3Mo2V2），GCr15，GD（6CrNiSiMnMoV），CH-1（7CrSiMnMoV）。

8.比较 DT 钢结硬质合金与 YG 类硬质合金在性能、应用上的区别。

9.简述铬钨硅系抗冲击冷作模具钢的特性及应用特点。

10.冲裁模的热处理基本要求有哪些？其热处理工艺有什么特点？

11.比较冷挤压模与冷镦模的工作条件、失效形式、性能要求、材料选用、热处理特点各有什么不同？

12.拉深模的基本性能要求有哪些？如何预防拉深模的拉毛磨损和黏附？

13.冷作模具的强韧化处理工艺有哪些？说明其工艺特点。

参考文献

[1] 高为国.模具材料[M].北京:机械工业出版社,2006.

[2] 熊惟皓,周理.模具材料及热处理[M].北京:电子工业出版社,2007.

[3] 张清辉.模具材料及表面处理[M].北京:电子工业出版社,2005.

[4] 钟良.模具材料及表面处理技术[M].成都:西南交通大学出版社,2016.

[5] 方博武.金属冷热加工的残余应力[M].北京:高等教育出版社,1992.

[6] 王雅然.金属工艺学[M].北京:机械工业出版社,1999.

[7] 林慧园.模具材料应用手册[M].北京:机械工业出版社,2004.

[8] 康俊远.模具材料及表面处理[M].北京:北京理工大学出版社,2007.

[9] 陈良辉.模具工程技术基础[M].北京:机械工业出版社.2002.

[10] 吴兆祥.模具材料及表面处理[M].北京:高等教育出版社,2002.

[11] 陈勇.模具材料及表面处理[M].北京:机械工业出版社,2006.

[12] 曾珊琪.模具寿命与失效[M].北京:化学工业出版社,2005.